陪 伴 女 性 终 身 成 长

女子整理术

日本新星出版社 著

陈昕璐 译

江苏凤凰文艺出版社
JIANGSU PHOENIX LITERATURE AND ART PUBLISHING

序言

如果你留心观察，

就会发现每天随身背的包里、

公司的办公桌上、家里面到处都是随手乱放的物品。

要用的物品总是找不到，

同一件物品反复购买而不使用，

甚至根本不记得自己曾经买过某件物品。

因为不知道如何整理收纳，所以生活总是一团糟。

反观那些善于整理收纳的女生，

她们大多气质优雅，从容不迫。

“我每天都很忙。”

“我不擅长整理。”

“家里乱一点，我更有安全感。”

……

你是否总是在找借口，

任由自己生活在混乱无序的状态中？

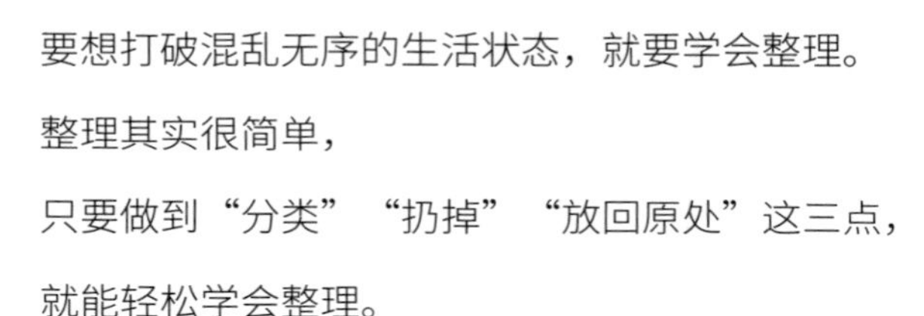

要想打破混乱无序的生活状态，就要学会整理。

整理其实很简单，

只要做到“分类”“扔掉”“放回原处”这三点，

就能轻松学会整理。

让我们从学习整理开始，

做一个井井有条的精致女生吧！

目录

第 1 章 随身物品和仪容仪表的整理

第 2 章 手账和手机的整理

第 3 章 金钱的管理

第 4 章 办公桌、文件、笔记本的整理

第 5 章 家居的整理

第 6 章 时间和身体的管理

本书的使用方法

本书不仅介绍了简单易操作的基本整理方法，还介绍了很多使日常生活丰富多彩的小诀窍！

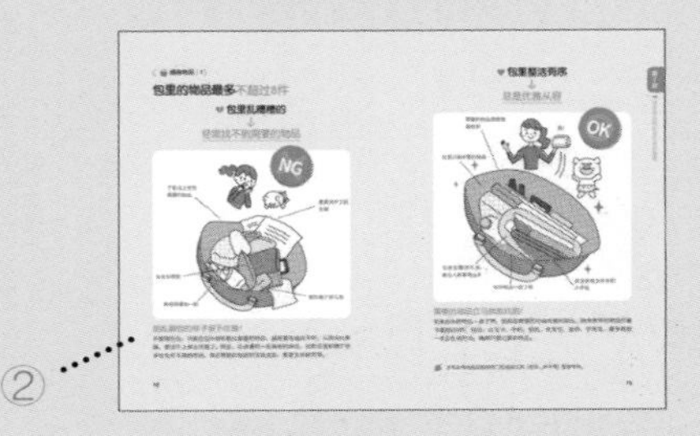

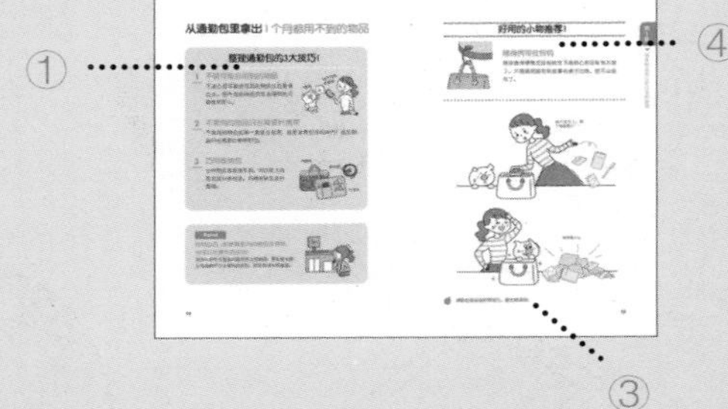

和邋遢小姐一起
学习整理吧!

小助手

帮助邋遢小姐进行整理收纳的小助手。总是能为邋遢小姐提供一些非常实用的整理建议和小技巧。

邋遢小姐

邋遢小姐是一位不擅长整理收纳的女生。崇拜干净整洁、性格沉稳的优雅女生。

① 为更好地整理收纳提供思路

书中以文字和插图的形式简单明了地介绍了整理的小技巧，还推荐了整理收纳的小物等，为更好地整理收纳提供新思路。

② 比较整理的正确和错误之处

书中将整理的正确和错误之处作了对比，便于读者更清晰地了解问题所在。

③ 一句话总结

每节末尾都有一句话总结，帮助读者掌握整理的技巧并进一步提升整理收纳意识。

④ 整理的技巧和建议

涵盖生活多方面关于整理收纳的技巧和建议，比如物品的整理、手机和电脑的整理、时间和金钱的管理等。

手账和手机

这些物品和场所，

照片

办公桌和电脑
笔记本和文件
CARD
スタンプカード
钱包
10000
10000
都整理好了吗?
房间
身体和内心

掌握整理的 5 个原则，和“乱七八糟”说再见

原则 1

很多人都做不到这点

用不到的物品果断扔掉！

管理物品的精力是有限的

这个或许什么时候就用上了、那个买的时候很贵……你是否因为各种原因囤积了很多舍不得扔掉的物品呢？在整理的时候，犹豫超过10秒还不能决定是否要扔的物品就果断扔掉！这是整理的关键一步。

原则 2

给每样物品固定位置
将物品『放回原位』！

Point

物品摆放要一目了然

如果记不住物品的位置，可以贴上标签或整合同类物品，尽量将物品摆放得一目了然。

用完之后将物品放回原位！

给每样物品固定位置。使用完之后将物品放回原位，这样才能保持整洁有序。

原则 3
不要将物品随意乱塞
经常使用的物品放在外面

不要让物品压箱底!

把物品放进衣橱或抽屉的最里面，很容易忘记使用，取用的时候就是一场灾难。经常使用的物品，要放在随手可拿的地方。

原则 4

根据颜色和形状整理物品

将物品整理在文件夹或收纳箱中

巧用文件夹或收纳箱整理物品

将物品整理在统一样式的文件夹或收纳箱中会更加整洁。另外，相比圆形的箱子，方形的箱子在叠放时不会出现缝隙，更容易整理。

原则 5

先从哪里开始整理呢？
确定整理的优先顺序

优先整理紧急要用的物品

确定整理的优先顺序，比如需要紧急处理的文件、马上要用的物品等。如果优先顺序不能确定，就把要做的事情写下来，再从里面选择确定。

你知道“清理”和“整理”的区别吗？

清理是指处理掉不要的物品；整理是指把要用的物品进行分类、收纳，以便于取用。

	清理	整理
把文件分成有用的和不要的。	☑	☐
按照文件夹的大小摆放。	☐	☑
把留言条按不同的主题贴在白板上。	☐	☑
把桌上的物品放到纸箱里。	☑	☐
将已完成项目的文件分类存放。	☐	☑
在抽屉里面放分隔板，归类放置文具。	☐	☑
下班回家前把办公桌上的物品稍作规整。	☐	☑
扔掉不需要的名片。	☑	☐
将书架上的书按类别摆放。	☐	☑
已完成项目的相关文件，保留需要的，处理掉不需要的。	☑	☐
电脑里的文件按不同主题分类。	☐	☑
使用过的资料放回书架上。	☐	☑
把桌上的物品重新调整位置，以方便使用。	☐	☑
外出回来后，整理包里的物品，扔掉不需要的东西。	☑	☐

第1章

随身物品和仪容仪表的整理

包里乱糟糟的，要用的东西总是找不到，衣着邋里邋遢，看起来总是脏兮兮的……这样的你无法活得优雅从容。

本章会详细讲解通勤包、化妆包、钱包和旅行包的整理方法和技巧，以及通勤装的穿搭方法。想要改变乱糟糟的生活，先从整理随身物品和仪容仪表开始吧！

包里的物品最多不超过 8 件

包里乱糟糟的

↓

经常找不到需要的物品

NG
不能马上找到
需要的物品
重要文件又脏
又皱
化妆包很脏
充电线缠在一起
纸巾装了好几包

胡乱翻包的样子很不优雅！

不整理包包，只能在包中胡乱翻找需要的物品。越是着急越找不到，导致无比焦躁，根本谈不上举止优雅了。不仅如此，还会连带出一些其他的麻烦，比如包里积攒了许多垃圾和不用的物品，而真正需要的物品却没法装进去，因为包里东西太多造成重要文件破损等。

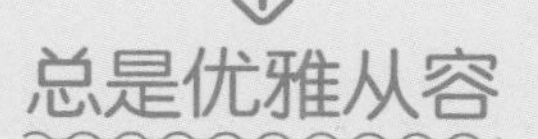
包里整洁有序

总是优雅从容

需要的物品很快就
能找到
唰！
OK
包里只放必要的物品
化妆包整洁干净，
能在人前拿得出手
包中物品一目了然
灵活使用文件夹和
小手包

需要的物品立马就能找到！

如果包中的物品一目了然，就能在需要的时候优雅地取出。随身携带的物品尽量不要超过8件：钱包、公交卡、手机、钥匙、化妆包、纸巾、手账和笔，最多再放一本正在读的书。确保只放必要的物品。

手机充电线和耳机用专门的收纳工具（绑带、夹子等）整理收纳。

从通勤包里拿出1个月都用不到的物品

整理通勤包的3大技巧！

1 不装可能会用到的物品

下决心把可能会用到的物品从包里拿出去，因为这些物品实际会用到的可能性非常小。

2 不常用的物品只在需要时携带

不常用的物品如果一直装在包里，就是浪费空间和体力！这些物品只在需要时携带即可。

3 巧用收纳包

小件物品容易找不到，可以放入内胆包或分装包里。巧用收纳包进行整理。

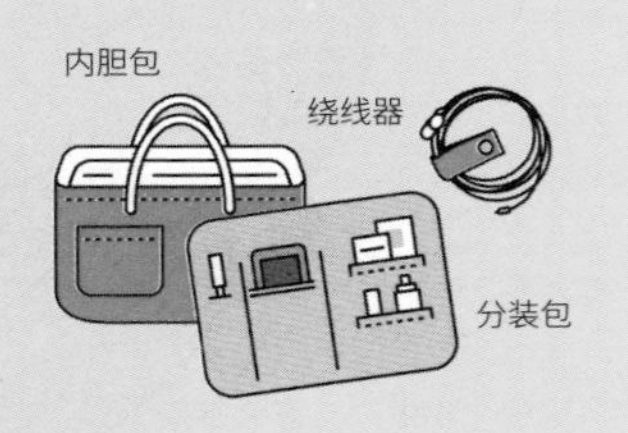

Point

放松心态：即使需要用的物品没有带，也可以在便利店买到！

很多人会在包里放可能用得上的物品，要知道大部分物品都可以在便利店买到。转变思路也很重要。

好用的小物推荐！

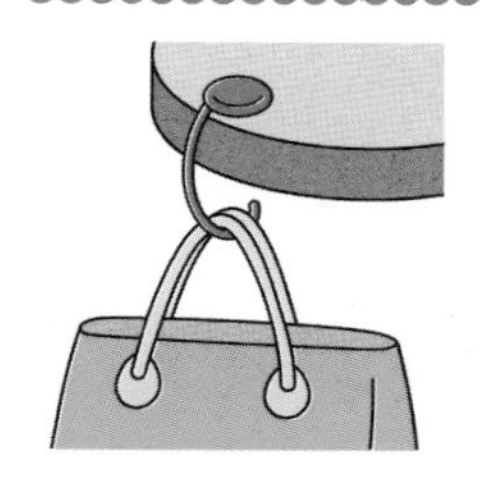

随身携带挂包钩

随身携带便携式挂包钩就不用担心没有地方放包了。只需要把挂包钩放置在桌子边缘，就可以挂包了。

这个没用上，那个也没用上……
memo
堆得像小山
memo

通勤包里容易积攒纸巾，要定期清理！

选购通勤包的 6 大要点

除了款式设计和材质偏好，选购通勤包还要特别留意以下 6 点。

❶ 选购可以腾出双手的通勤包

工作中时常需要一边接打电话，一边做记录或浏览文件，所以在商务场合中，使用能腾出双手的包是最方便的。最好选购一款可以挎在肩上的通勤包。

❷ 选择轻便、厚实、耐脏的材质

通勤包每天都会用到，比想象中更容易磨损，所以在选购时要考虑材质是否耐用、耐脏。

❸ 有夹层，并且能保持笔挺不变形

在内外或两侧有口袋夹层的包更便于收纳小物件。最好选择放在桌面上也能保持笔挺不变形的包。

选购一款为工作
助力的通勤包吧！

使用丝巾或吊坠装饰，
打造独特的时尚感！

仅更换包的装饰品，
也能变换个人风格。

4

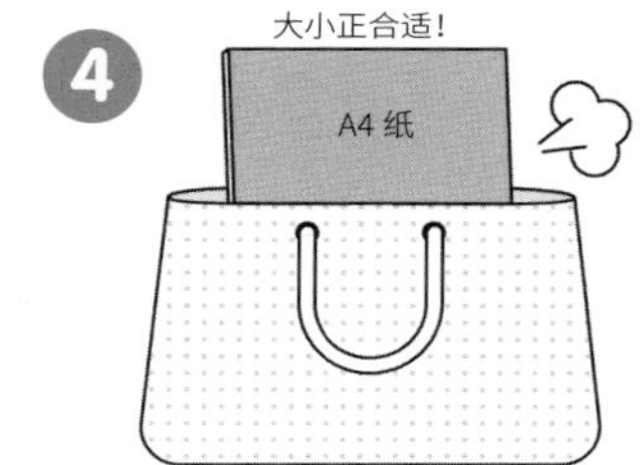
大小正合适！
A4 纸

正好可以放进A4纸大小的文件

通勤包里经常需要放文件，所以尽可能选购能轻松容纳A4纸的包。有时看起来好像能放下A4纸大小的文件，但可能会被拉链卡住，放文件时要注意！

低调的色系更显稳重

5

要避开亮色，选择偏柔和的或沉稳的颜色。纯黑色的通勤包会让人看起来像求职的应届生，选购时需慎重。

6

日常生活中也可以使用

选购的通勤包如果在工作中和日常生活中都可以使用，那就一举两得了。最好选择设计简约的款式，以方便搭配通勤装和休闲装。

最好选择底部有硬底板支撑的通勤包。

化妆包要选择体积小的

保持化妆包整洁的 3 大要点

1 重视设计，选择小尺寸的化妆包

减少随身物品，尽可能携带体积小的化妆包，严格筛选放入化妆包中的物品。

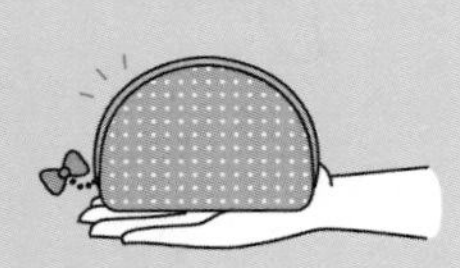

2 把在家用的化妆品和补妆用的化妆品区分开

不要随身携带全部化妆品，只带补妆用的化妆品即可。

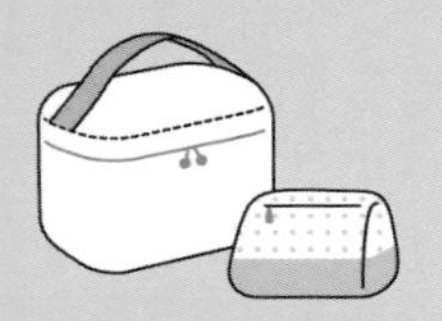

3 选择多功能化妆盘

选择多功能化妆盘会更加轻便，比如可以同时用作口红、腮红和眼影的化妆盘。

ADVICE

现在立刻扔掉又脏又旧的化妆包和过期的化妆品！

化妆品和化妆包本该是帮助你变漂亮的物品，但如果又脏又旧的化妆包里塞满过期的化妆品，你又怎么能变漂亮呢？马上换成那些干净又好用的化妆包和化妆品吧。

选购这样的化妆包！

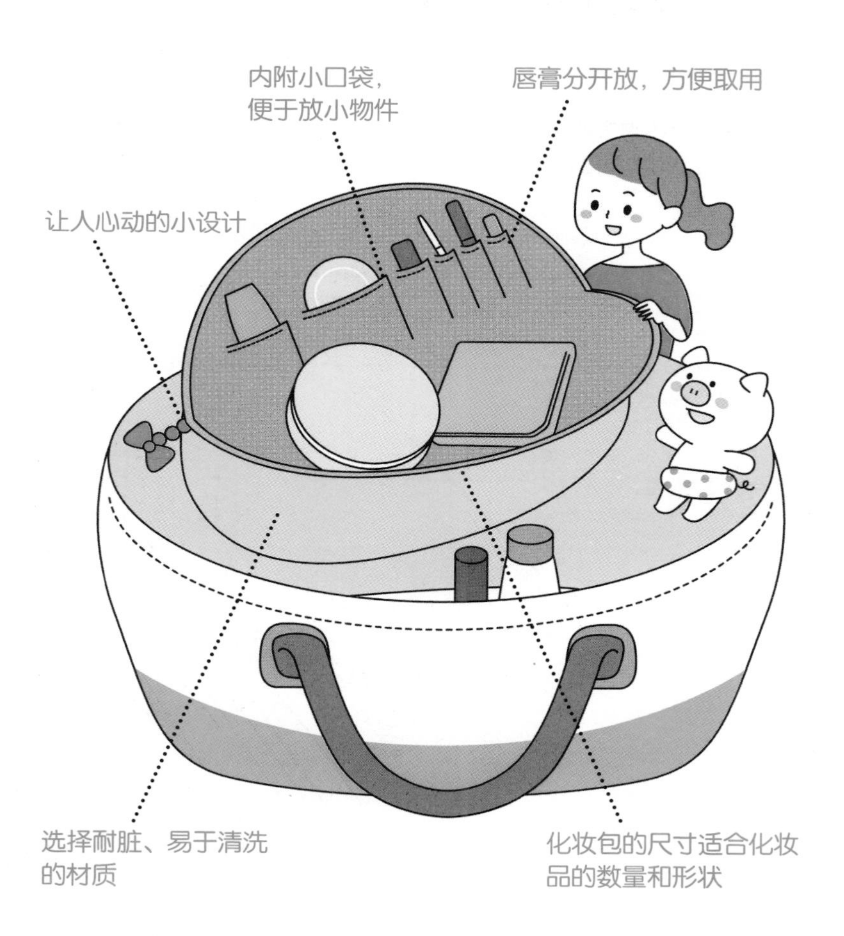
内附小口袋，
便于放小物件
唇膏分开放，方便取用
让人心动的小设计
选择耐脏、易于清洗
的材质
化妆包的尺寸适合化妆
品的数量和形状

每个月整理并清洗一次化妆包！

化妆品和化妆包容易脏，建议每个月整理一次化妆品，并清洗化妆包。已经不用的、过期的化妆品要及时扔掉。

时刻保持化妆包的干净整洁，即使不经意间被人看到，也能给人留下整洁的印象。

钱包里不要积攒不用的物品

每周整理一次钱包！

由于时间紧张，购物的时候随意把零钱和小票塞进钱包里，这种情况经常发生。因此每周要把钱包里的物品全部拿出来检查一次，清理积攒在钱包中的不用的物品。

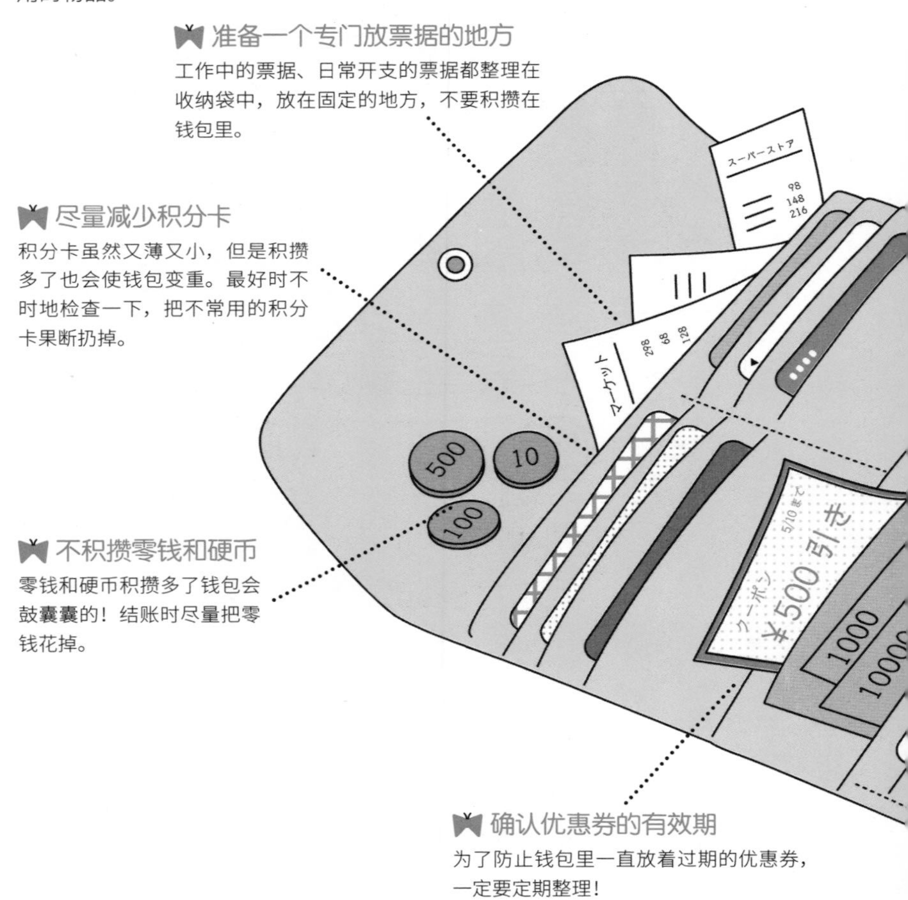

准备一个专门放票据的地方
工作中的票据、日常开支的票据都整理在收纳袋中，放在固定的地方，不要积攒在钱包里。
尽量减少积分卡
积分卡虽然又薄又小，但是积攒多了也会使钱包变重。最好时不时地检查一下，把不常用的积分卡果断扔掉。
不积攒零钱和硬币
零钱和硬币积攒多了钱包会鼓囊囊的！结账时尽量把零钱花掉。
确认优惠券的有效期
为了防止钱包里一直放着过期的优惠券，一定要定期整理！
スーパーストア
98
148
216
マーケット
298
68
128
500
10
100
クーポン
5/10まで
¥500引き
1000

清理不用的卡！

- ☐ 到期的卡
- ☐ 超过 1 年没有用过的卡
- ☐ 积分返还少的卡

纸币整理之后再放入钱包里

为了便于一眼就能看到钱包里有多少钱，要把纸币的数额和朝向都整理好再放进钱包里。

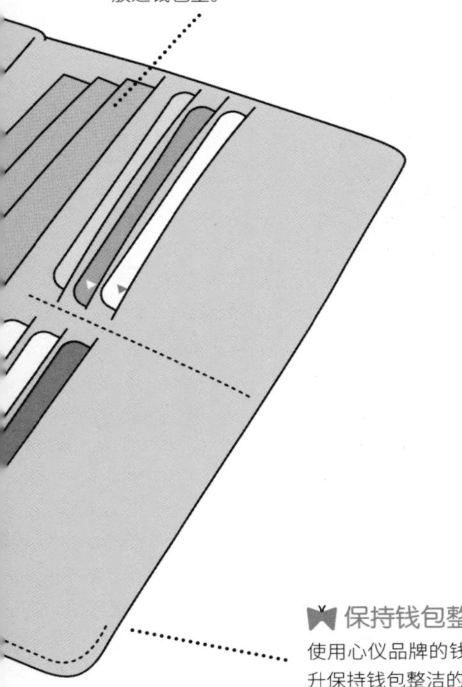

Point

名牌包入门首选钱包

名牌包价格高昂，可以考虑入手一款名牌钱包。选购一款自己心仪品牌的钱包，提升自己的格调吧。

保持钱包整洁

使用心仪品牌的钱包，也会提升保持钱包整洁的积极性！

最好把钱包和零钱包分开。

行李箱影响旅行的舒适度

临行前把物品胡乱塞进行李箱中

↓

用的时候找不到

行李箱中乱糟糟的，只要一打开就合不上了
NG
需要用的物品放在行李箱最底下，不好拿出来
不确定行李箱中都装了什么
衣服全部皱巴巴的

找不到要用的物品，会使旅行舒适度大打折扣

行李箱中乱糟糟的是因为不知道如何收拾行李。是不是收拾行李时想到什么就胡乱地塞进行李箱中呢？这样收拾行李不仅不方便取用，而且需要的东西也经常会忘了装进去。

♥ 提前收拾行李

旅行包中井井有条

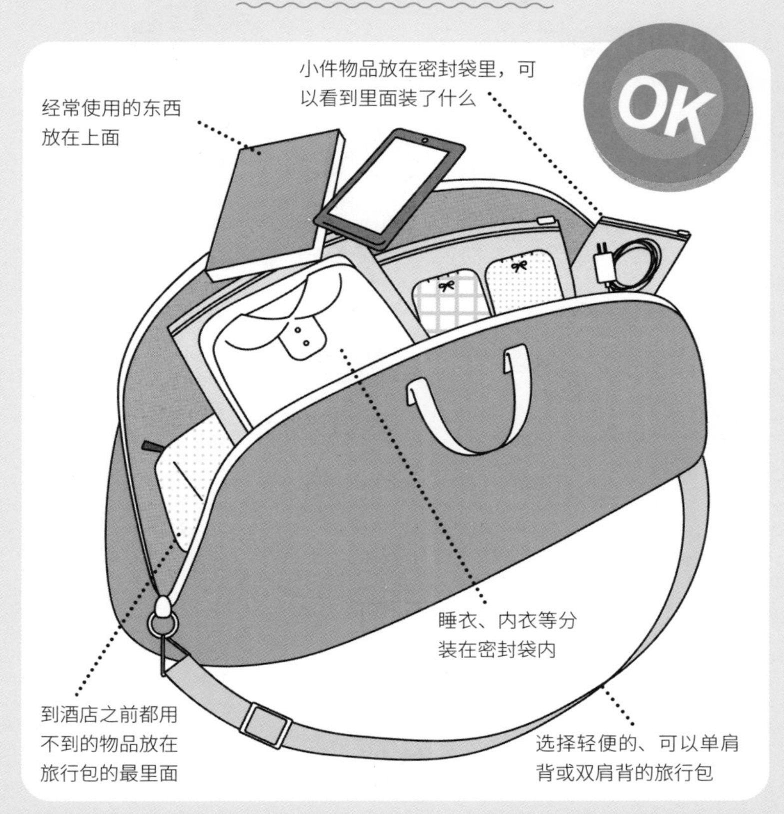
小件物品放在密封袋里，可以看到里面装了什么
经常使用的东西放在上面
OK
睡衣、内衣等分装在密封袋内
到酒店之前都用不到的物品放在旅行包的最里面
选择轻便的、可以单肩背或双肩背的旅行包

好用的小物推荐！

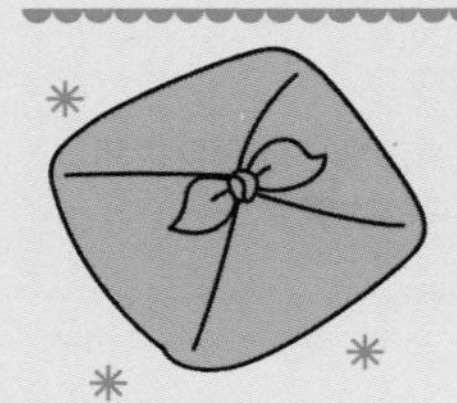

用风吕敷[1]打包衣服，行李更加紧凑

最好把衣服分成内衣、替换衣物等几类，用风吕敷包起来。到酒店之后可以直接取出衣服，整理到抽屉里，这样一来从旅行包内取用其他物品就更方便了。

最好把行李箱内的空间预留出10%~20%，用来装纪念品和礼物等。

注 1：日本传统上用来搬运或收纳物品的包袱布。

通勤装的关键是整洁

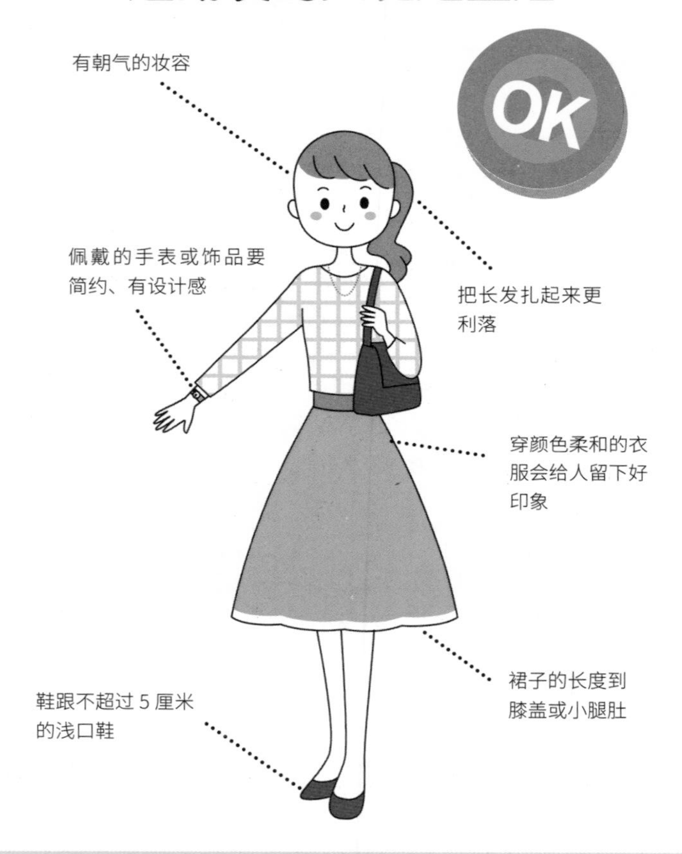
有朝气的妆容
OK
佩戴的手表或饰品要简约、有设计感
把长发扎起来更利落
穿颜色柔和的衣服会给人留下好印象
裙子的长度到膝盖或小腿肚
鞋跟不超过 5 厘米的浅口鞋

通勤装不要这样穿！

✖ 颜色、花纹特别夸张的衣服

要避免特别鲜亮的颜色和过于引人注目的花纹。最好选择看起来高级、精致又不张扬的服饰。

✖ 过分暴露的衣服

不要穿突出胸部、臀部曲线的紧身衣和胸口或后背过分暴露的衣服。

妆容

妆不要化得太浓，也不要太随意。用口红和眼影化淡妆，使人看起来更有活力。

发型

将头发全部或者半扎起来，可以搭配一些小发饰，享受变换发型的乐趣。

饰品

同一身衣服佩戴不同的饰品，气质也会不同！准备各种饰品，比如项链、胸针、帽子等。

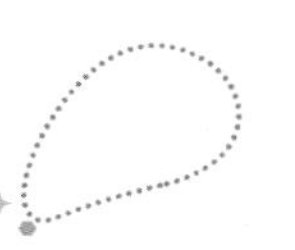

上装

通勤上装尽量选择简洁大方的款式，遵循“整洁干净”的穿衣原则，确保衣服没有起球或污渍。

鞋

最好选择鞋跟不超过5厘米的浅口鞋，方便走路。另外，还可以备一双通勤鞋，到了公司再换鞋。

下装

穿裙子配压力裤袜有美腿的效果，也可以选择干练的裤装。

在办公室或通勤包里常备的4件物品

黑色或藏蓝色的短外套

准备一件黑色或藏蓝色基础款外套，以备不时之需。即使突然被安排出席重要场合，也能不慌不忙，从容应对。

折叠伞

常备折叠伞，防止突然下雨措手不及。必要时，还可以用折叠伞防晒。

裤袜

即使很小心，也难免裤袜破损。准备一条备用裤袜以备不时之需！

开衫毛衣

受寒是女生的大忌！备一件开衫毛衣，就能及时保暖了。体寒的人还可以备一条盖膝盖的小毛毯。

备一条大披肩，冷的时候可以披在肩上，还可以盖在膝盖上，非常方便。

不同天气的穿衣要领

雨天

晴雨两用的靴子

下雨的时候可以选择晴雨两用的靴子，这样就不用担心积水了。

把头发扎起来

下雨天很潮湿，把头发扎起来会更轻松。

避免穿下摆很长的衣服

裤腿过长的裤子或下摆很长的裙子更容易被泥水弄脏。建议在雨天穿长度适中、颜色耐脏的衣服。

使用防水喷雾

防水喷雾可以防止鞋子和外套等被雨淋湿。也可以在干洗店进行防水处理。

带上最喜欢的雨伞

下雨天心情容易低落，带上自己最喜欢的雨伞，让心情好起来！

炎夏

使用吸汗纸

为了防止衣服上出现汗渍，可以使用止汗剂，还可以在衣服里面贴吸汗纸或者穿防汗内衣。

使用降温喷雾

把降温喷雾剂喷在衣服上，可以保持1~2小时的清凉感，非常适合在通勤路上使用。

使用遮阳伞和太阳镜

夏天要注意防晒。在选择遮阳伞和太阳镜时不仅要考虑美观，还要注意其功能性。

寒冬

通过叠穿来调节温差

穿太厚的衣服不方便调节室内外温差，可以遵循“外厚内薄，多穿几层”的原则，通过叠穿来灵活调节！

穿蚕丝保暖内衣

寒冷季节推荐蚕丝保暖内衣。不仅保暖性能好，而且柔软亲肤，穿起来非常舒适。

使用暖足贴

暖足贴有贴在袜子里的和放在鞋子里的两种，有非常好的保暖效果。

 选择防寒手套时，可以选择便于操作手机的触屏手套。

第2章

手账和手机的整理

工作以后，手账和手机对每个人来说必不可少。本章提供了一些整理手账和手机的小技巧，让我们的手账发挥更大的作用，手机用起来更加高效和便捷。另外还推荐了适合女生的、实用的手机应用哦！

※因中日国情不同，本节部分内容已改为适合中国国情的内容。

不要只记录事项，不规划时间

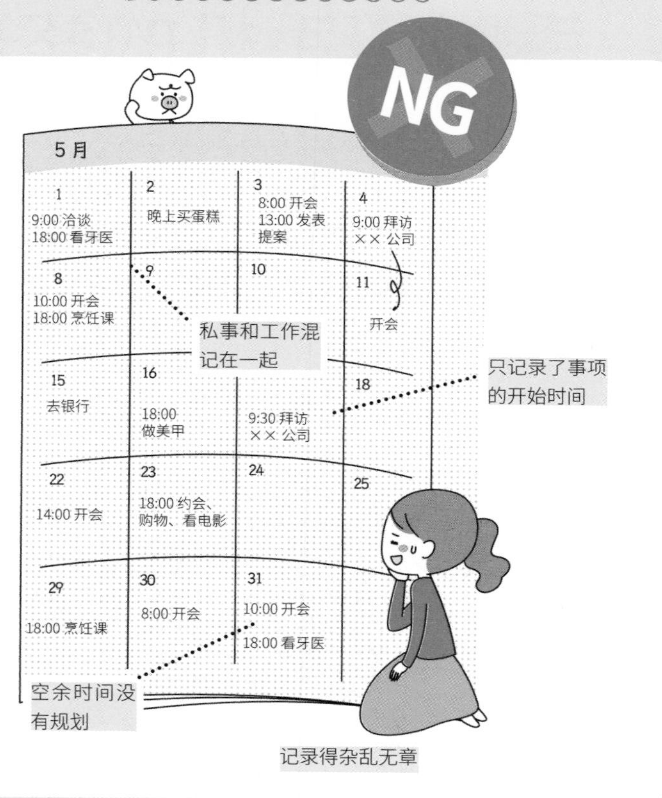

不要只在手账上记录事项

不仅要记录事项的开始时间和地点，还要记录完成事项具体需要花费多长时间，到达下一个地点需要多久。另外，把私事和工作混记在一起也是不合理的。可以用不同颜色标记出来，或者分开记录。

沿着时间轴做计划

↓

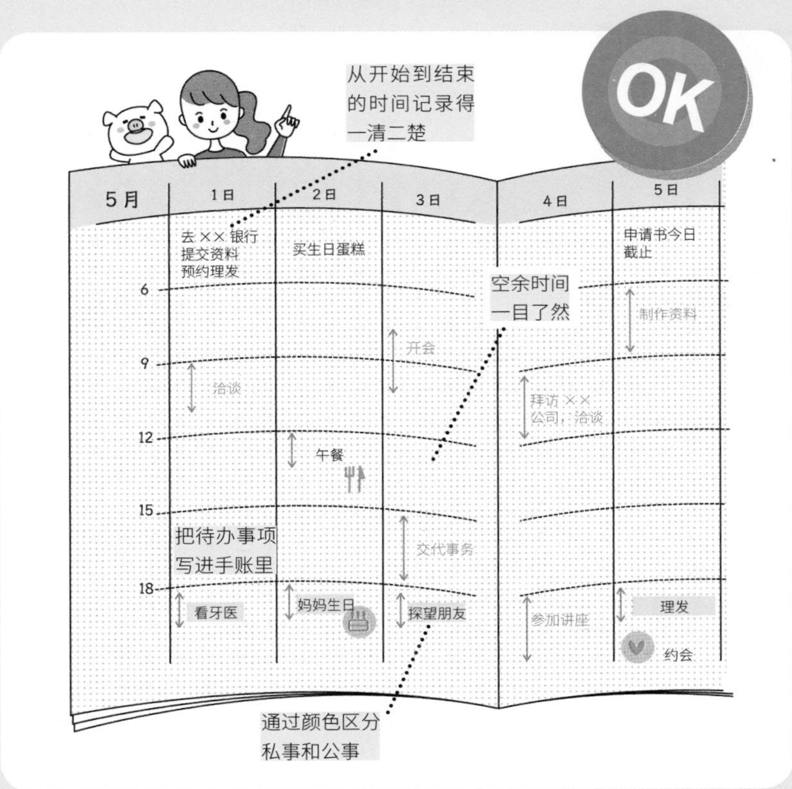

使用手账，合理规划时间

在工作中，协调自己的时间和他人的时间也很重要。如果因为个人原因占用了他人的时间，也会影响自己的工作时间。把待办事项写进手账里，时常梳理工作，这样更方便合理规划时间！

对职场女生来说，时间是宝贵的财富！利用手账把时间安排得井井有条。

了解手账的 5 大基本内容

用彩笔和贴纸标记个人计划，就能一目了然。

❶ 日程表

在日程表中写清楚开始时间、预计结束时间、地点、内容、和谁一起等，可遵循5W原则（What / Why / Who / When / Where）。从当前计划的地点到下一个计划的地点所需的时间最好也记录下来。

❷ 待办事项

在手账上记录待办事项时，要写上时间期限，这样有助于合理规划时间。事项完成之后也别忘了对照待办事项清单逐一检查。

3 备忘录

无论是在工作中还是个人生活中，都要养成勤做记录的习惯。做记录的时候别忘了记上日期和时间。要尽可能详细记录，方便之后回顾的时候一目了然。

记录生活 4

推荐在手账中记录生活，比如吃了什么、每日的穿搭、体重等；去旅行的时候，记录中途停留的地方和当地的美食，这些都可以作为日后回忆的线索。

5 制订目标

在手账上按照时间制订目标，比如本月目标、年度目标、五年目标等。建议通过长期目标逆推短期目标，比如五年内买一套价值40万的房子，那么就要根据自身情况，计算每年需要攒多少钱。

每天在工作开始之前，重新梳理手账，制订工作计划！

手账的选择

最常用的 3 种手账

月计划手账

→ 适用于做粗略的计划或长期的计划

5月						
1	2	3	4	5	6	7
8	9	10	11	12	13	14

竖式周计划手账

→ 适用于详细记录每天的日程，可以用作备忘录

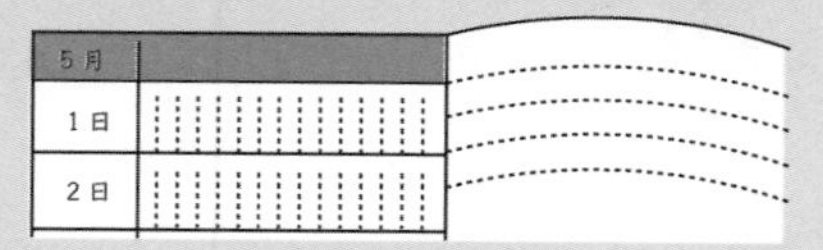

竖式时间轴周计划手账

→ 适用于对每天的日程作详细的时间规划

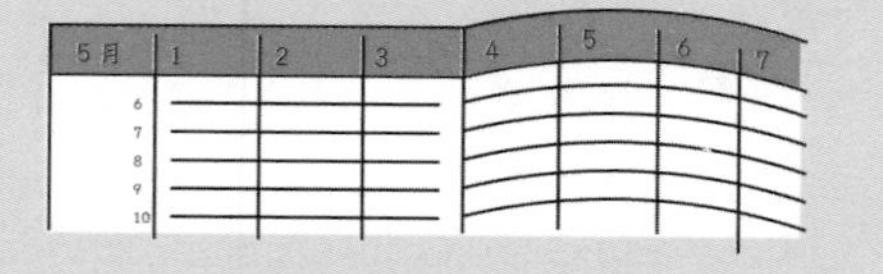

ADVICE

手账选择多大尺寸最合适?

手账按照尺寸大小分为A7、A6、B6、A5、B5等类型。如果要随身携带，选择A7、A6等小尺寸的手账比较方便。

其他类型的手账

一周两页式手账

→ **适合分段管理一周时间**

一周7天被分成了左边一页4天，右边一页3天。

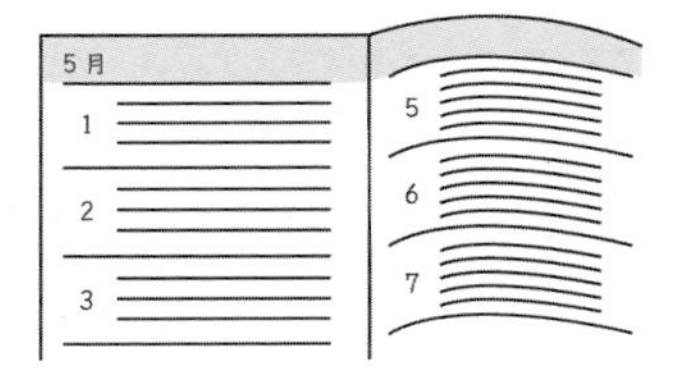

区块式周计划手账

→ **适合记录每日待办事项**

左右两页被分为8小块，方便记录待办事项和每日生活。

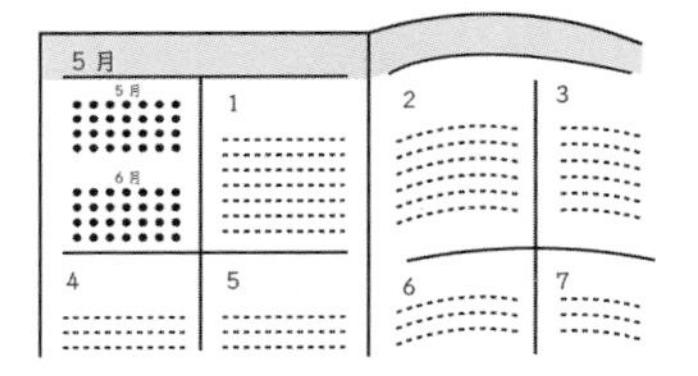

一日一记竖式时间轴手账

→ **适合记录每日生活**

填写空间很充足，适合用手账代替日记。

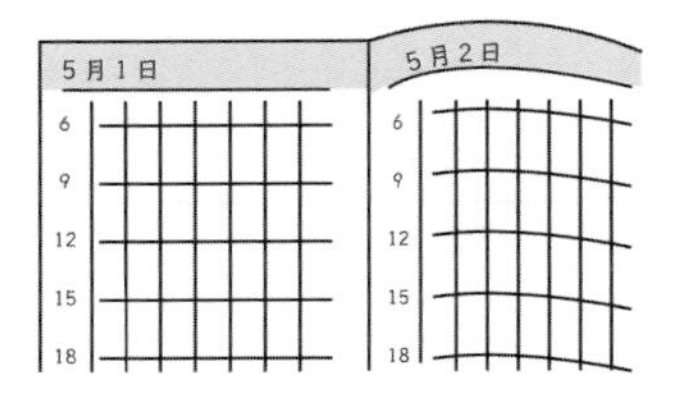

甘特图手账

→ **适合记录多个项目进展**

横轴表示时间，竖轴用来记录项目。多个进展的项目一目了然。

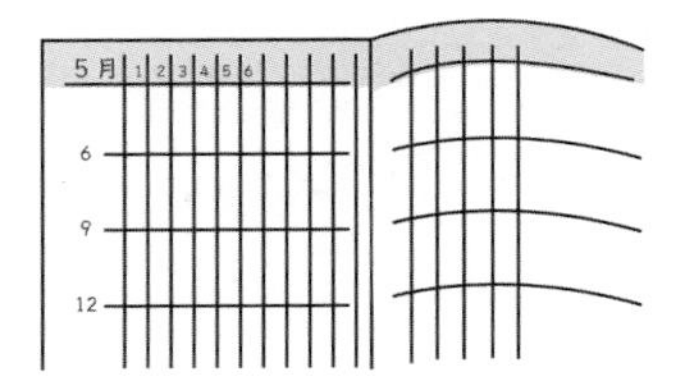

Point

上半年手账和下半年手账

手账可分为上半年手账和下半年手账。上半年手账适合从元旦开始做时间规划，下半年手账适合从7月开始做规划。如果是学生，可以选择从9月开始的下半年手账。

活页手账更换替换芯可以一直使用！

用月计划手账记录个人事项

使用装饰会让记录手账更有趣!

用各式各样的装饰记录手账会更有趣。除了贴纸和印章，还可以使用胶带让手账内容更有侧重点，看起来更加一目了然。

5 月

1	2	3 约会	4
8 买书	9 9:30 开会	10 9:30 和 ×× 公司洽谈	11
15	16 妈妈的生日	17	18 9:30 开会
22 约会	23 出差准备	24 出差	25
20	30 出门带伞	31	

memo
- 去 ×× 银行提交文件资料
- 理发
- 回老家

当月的主要事项单列出来

把当月的主要事项单列出来，比如计划缴纳汽车保险费等。这些事项即便没有确定具体时间，也要提醒自己不要忘了。

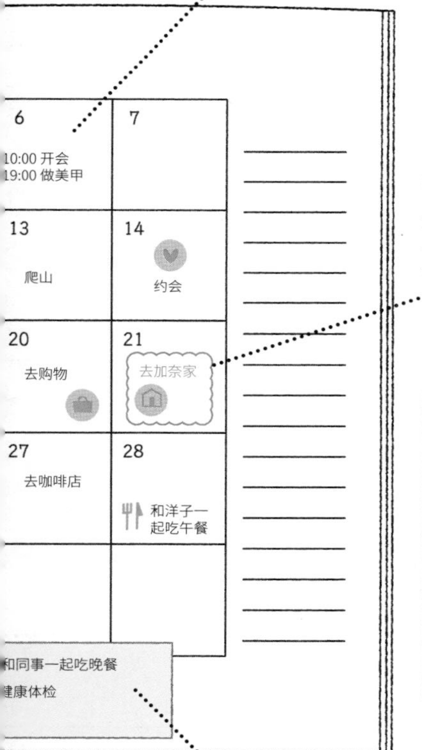

私事和工作分开记录

把每格分成上下两部分，最好将私事和工作分开记录，这样记录也可以避免时间冲突。

用颜色区分或画线框起来

运用多种方式记录手账，让手账看起来更可爱。比如不同的计划用不同颜色加以区分，使用手账贴纸或胶带，配插图等。

Point

如果需要记录的事项比较少，那月计划手账就足够了！

大尺寸手账不方便携带，所以不是很推荐。有些人的工作主要是例行公事，需要在手账里记录的内容不多，这种情况使用月计划手账就足够了。月计划手账的优点是左右两页显示一个月的计划，而且轻薄、便于携带。每格的大小可以根据自己的喜好进行选择。

临时计划写在便签条上

将临时计划写在便签条上，再贴进手账里。如果计划有变，也便于修改。使用精致可爱的便签条可以使手账更有趣。

用荧光笔把休息日圈出来，这样就能明确区分工作日和休息日！

灵活使用竖式周计划手账的空白页

时间记录法让一整天的计划都清晰明了！

上午的计划写在时间轴的左边，下午的计划写在正中间，傍晚到夜里的计划写在右边。时间安排一目了然，更方便掌握行程安排。

5

日	6	7	8	9	10	11	12	13	14	15	16	17	18	19	20	21	22
1					全体会议								理发				
2					部门会议												
3					去××公司洽谈			公司内部会议					和××一起吃饭				
4								学习进修									
5					看电影		购物										
6					看牙医		回老家										
7					去咖啡店								看音乐会				

私事用不同的颜色区分开

日程表里主要记录工作安排，可以用荧光笔把私事圈起来，工作安排和私事要有所区分。

可以用空白页记日记

竖式周计划手账左边是日程表，右边是空白页。空白页可以随意使用，比如可以用来记日记、记工作笔记等。

1日　今天负责理发的是一位新造型师××先生，

交流很愉快，感觉他很可靠！

推荐的发型也很新颖、有创意！

办事项

看书　（4）做3道家常菜

洗车　（5）去给手表换电池

找出夏季针织衫　（6）取回干洗好的衣服

每个月看一部电影

新书发售日（5月11日）

通过打钩来管理待办事项

在空白页记录待办事项，完成的项目就打上钩，也是一种很不错的工作管理方法。

空白页还可以用来记录忽然想到的事情

如果没有及时记录突发的灵感或突然想到的事情，可能之后就想不起来了。可以将空白页作为备忘录，专门记录这些事项。

Point

配合生活方式，灵活使用空白页！

如何使用竖式周计划手账的空白页完全由自己决定。不仅可以记录待办事项，之后对照检查是否完成了，还可以做会议记录，以便之后回顾。也可以在左边的日程表中列明简单的计划，然后在右边的空白页做补充说明。

已经完成的日程计划或项目可以用荧光马克笔涂抹掉，会特别有成就感！

用竖式时间轴周计划手账管理时间

可以用颜色区分

根据日程表的内容，使用不同颜色进行区分，比如会议用蓝色、私事用橙色、工作事项用绿色等。

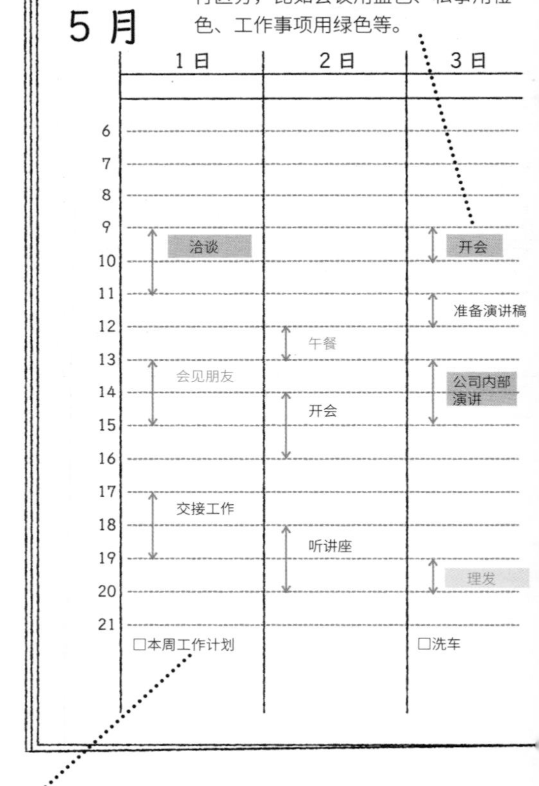

把周计划写进去

一些竖式时间轴手账的栏外可以记录待办事项、周计划，还可以画地图或记笔记。

便于了解自己有哪些空闲时间

竖式时间轴最大的优点是能掌握一天的时间安排。只要写下计划，自己有哪些空闲时间就一目了然。

5日	6日	7日
	温泉旅行	温泉旅行
	在××站集合	
	10:15 出发	酒店退房
	观光游览	午餐
去××店	办理酒店入住	
看牙医		到××站
	吃晚餐	19:45 出发
□做三道家常菜 □取回干洗的衣服		

Point

同时管理自己的时间和他人的时间！

日程表上既有自己独立完成的事项，也有需要和他人合作完成的事项。前者只需要规划自己的时间就行，后者需要协调多方的时间。即便如此，也不能完全按照他人的时间来安排，而是要综合考虑，合理分配时间。使用竖式时间轴手账进行管理就简单多了。

在空白处写每日待办事项

把每日待办事项写在空白处，便于对每日的事务进行管理。在竖式时间轴中，时间安排一目了然，有助于提升工作效率。

 能够珍惜自己时间的人，也能珍惜他人的时间。

使用手账做工作计划

达成工作目标的小技巧

1

及时记录计划

工作中最常犯的错误就是不及时记录工作计划！如果没有将计划及时记录下来，可能之后就会忘记很多具体的信息。

2

多次确认工作内容

将工作计划写下来只是第一步，每天还要固定几个时间点，比如工作前、午餐后等，多次确认工作计划的内容。

3

设置目标倒推计划

工作不能如期完成往往是因为计划做得不够周密。从截止日期开始倒计时，把相对应的计划写在手账里，避免时间到了工作没有完成。

4

事务性工作的时间也要记录下来

处理收发快递、打印文件等事务性工作的时间也要记录下来。认真规划时间，工作才会按照计划顺利开展。

ADVICE

留出时间整理手账！

不能记录完就把手账扔在一边，留出时间整理手账有助于实施计划和达成目标。可以用不同颜色加以区分，使工作内容更加清晰明了。

选择一种工具管理日程

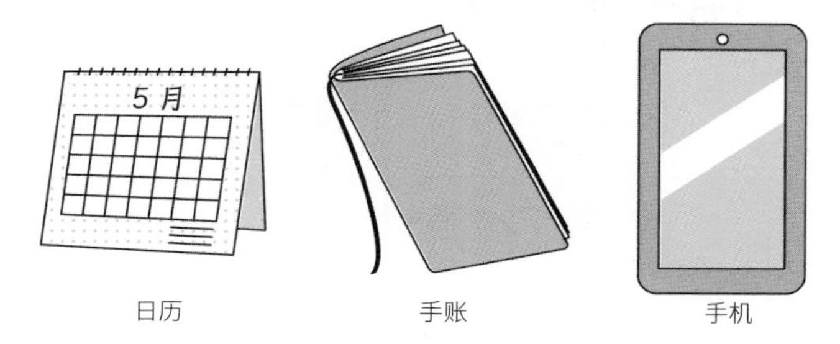

如果同时使用多种工具管理日程，很容易出错！

①誊写错误
②忘记写了
③忘记看了

把日程计划汇总到一起，就不会出错了。很多人会同时使用手机和手账等管理日程，但集中使用一种工具记录更不容易出错。

使用手账提高工作效率

虽然一天只有24个小时，但时间分配不同，工作效率也会有所差别。比如，持续工作45分钟比分成3次每次工作15分钟更有效率。使用手账时，要尽量整合时间，这样更有利于提高工作效率。

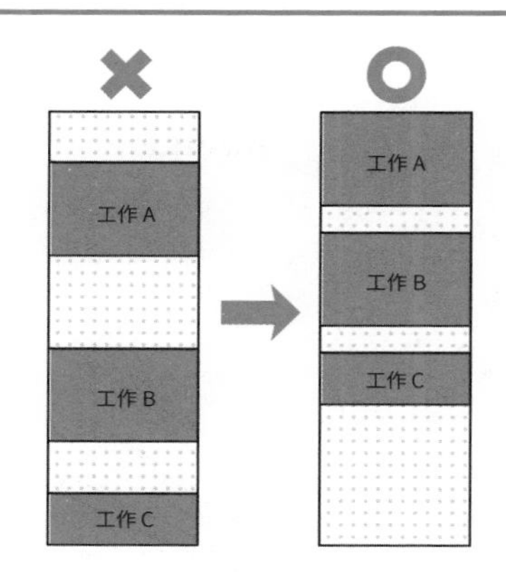

当别人问你时间安排的时候，应给出明确的时间，避免回答“我随时都可以”！

用手账记录每天的生活

手账的多种用法

饮食日记

尝试记录每天吃的食物，可以记录一日三餐，还能用来记录打卡的美食餐厅。

记账簿

及时记录每一笔收入和支出，通过记账减少不必要的开支。

记录穿搭

记录每天的穿搭，更好地了解自己的穿搭偏好，合理购置衣物。

减肥日记

除了记录一日三餐，还要记录每天的体重和运动量，以便达成减重目标。

ADVICE

手账用笔也很讲究

书写顺滑流畅的笔是最好的！推荐使用耐水性好的笔，这样即使在笔迹上再用马克笔做记号，也不会晕开。

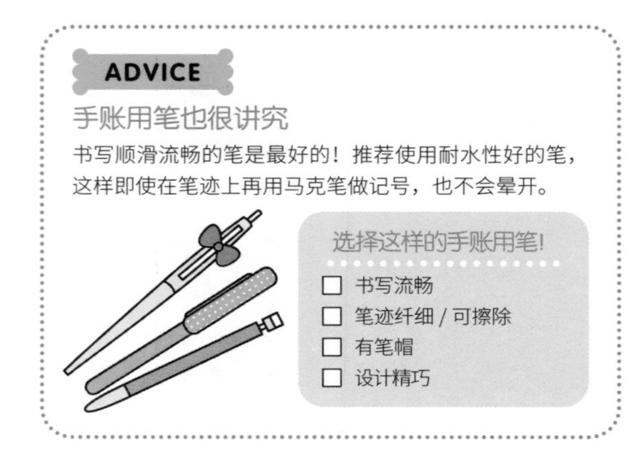

选择这样的手账用笔！

- ☐ 书写流畅
- ☐ 笔迹纤细 / 可擦除
- ☐ 有笔帽
- ☐ 设计精巧

在空白页随意记录吧！

- 探店之后的感想
- 想读的书
- 读书心得
- 备忘信息
- 旅行地信息
- 想要达成的目标
- 购物清单
- 兴趣或爱好
- 其他

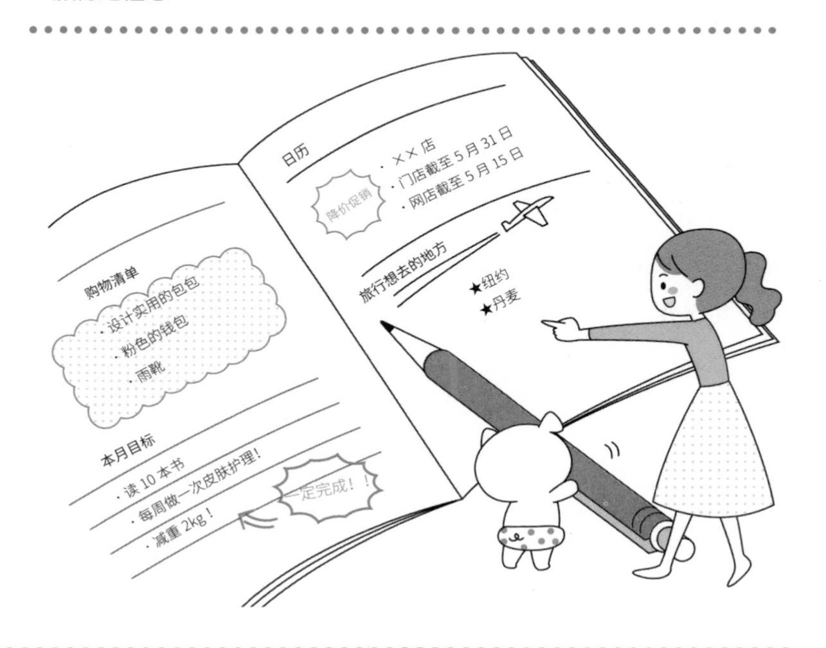

好用的小物推荐！

可以把名片和公交卡放到手账的拉链口袋里！

可以把名片、公交卡、便签条、备用零钱等放到活页手账自带的拉链口袋，以备不时之需。

把重要的人的生日写在手账里。

让手账更有趣的 10 个小创意

本节会介绍一些让手账更有趣的小创意！

❶ 小图标

在手账上画一些小图标，让手账看起来更有趣，比如画一个小旗，将时间写在旗帜上面等。

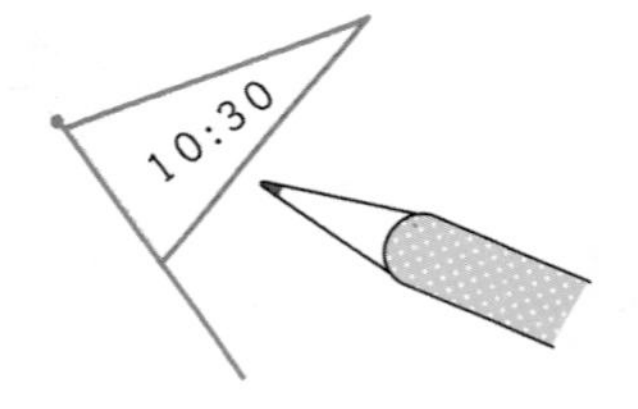

❷ 荧光笔

使用荧光笔区分颜色，最好选择柔和的颜色，也可以用荧光笔给插图涂颜色。

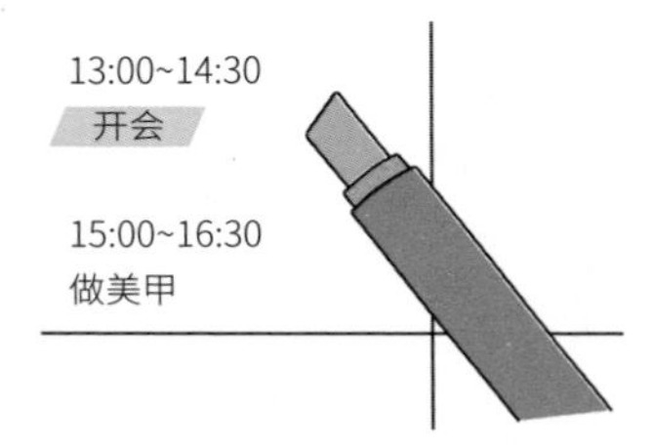

❸ 印章

准备带符号或数字的印章，月初制订的计划可以用印章在手账里标记出来。

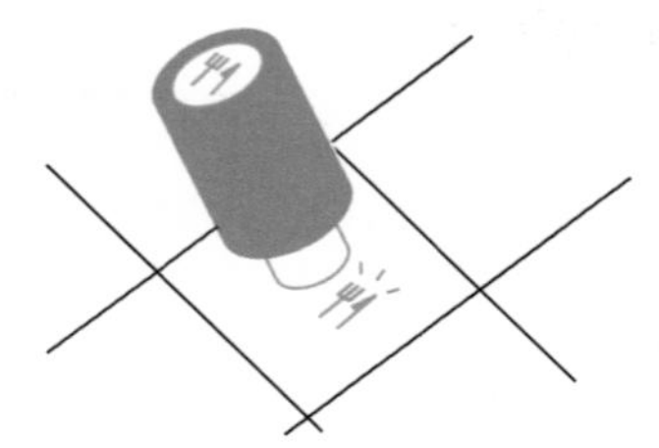

❹ 贴纸

可以根据不同场合使用不同样式的贴纸，比如加班日贴星星贴纸、约会日贴爱心贴纸等。

加奈过生日
约会
购物
回老家

❺ 可爱的边框

将单调的内容用可爱的边框圈起来，简单的边框就能让手账看起来更有趣。

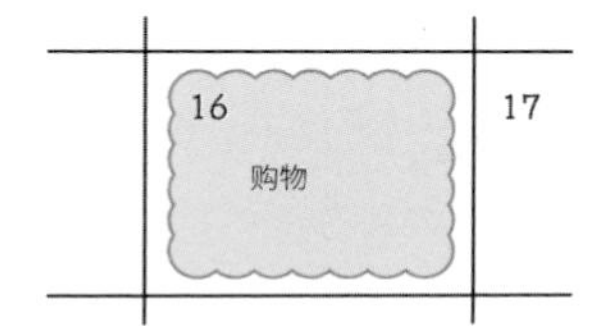

❻ 彩色胶带

如果连续几天都是相同的行程，可以用彩色胶带标记出来，时间和行程一目了然。

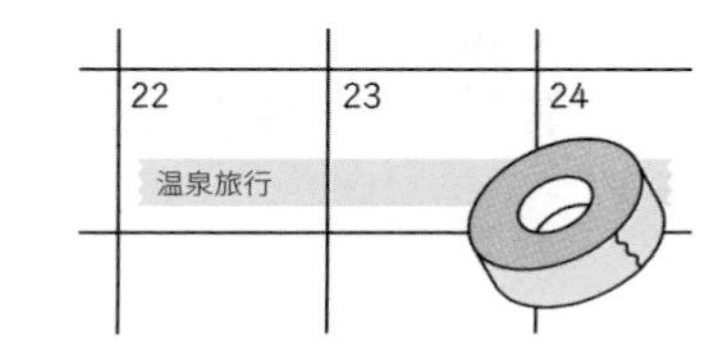

❼ 形状可爱的便签条

不同的内容可以用不同的颜色加以区分，还可以把便签条剪贴成可爱的形状增添手账的趣味性。

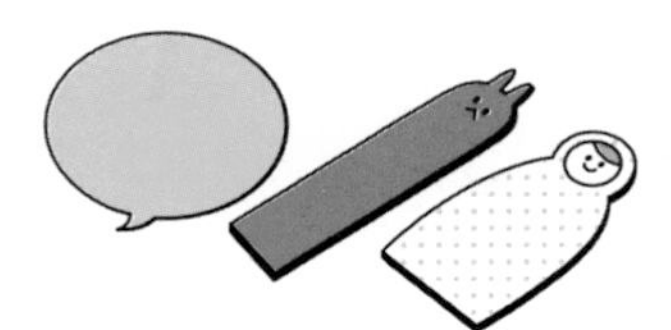

❽ 照片

把照片洗出来或打印出来贴在手账里，可以丰富手账的内容。

❾ 便利贴

没有确定具体时间的计划或突然想起的事情可以记在便利贴上。即使改变计划，也能修改后重新粘贴，非常方便。

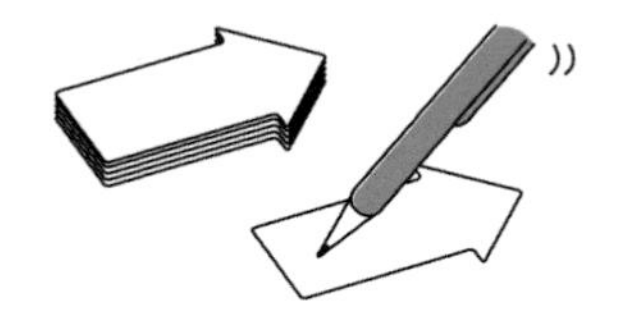

❿ 小插图

常规计划可以配一些可爱的小插图，比如去公司、喝下午茶、看电影等。配上小插图会让手账看起来更加有趣。

使用迷你印章使手账的内容更丰富!

传统手账vs电子手账，哪种更好

传统手账

●优点

1. 打电话的时候可以随时打开手账做记录。
2. 可以自由选择尺寸大小和封皮样式。
3. 为了方便查看，可以根据个人风格灵活设计和记录。

▲缺点

1. 无法快速查找半年前的记录。
2. 使用空间有限。
3. 计划有调整的时候修改比较烦琐。

想要回顾过去的记录，使用电子手账更便利！

不确定的事项用可擦笔写或写在便利贴上

可能会更改的事项可以用可擦笔写，或者写在便利贴上，方便之后修改。与电子手账相比，手写记录记忆更加深刻。

电子手账

●优点

1. 计划事项可以设置提前30分钟闹钟提醒。
2. 方便修改。
3. 使用空间足够大。
4. 可以按日、周、月、年的形式浏览。
5. 在电脑、手机上都可以查看记录。
6. 方便信息共享。

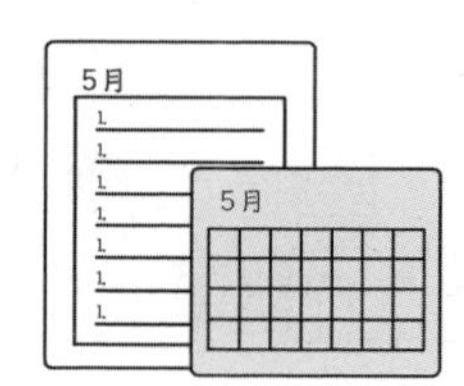

即使内容丢失了，数据备份过就能快速找回！

▲缺点

1. 时常需要更新手机应用。
2. 有些场合不方便使用手机。
3. 手机没电的时候不能使用。

使用电子手账可能会被误会！

使用电子手账需要一直操作手机，看起来就像在玩游戏，所以在严肃的场合最好使用传统手账，以免引起不必要的误会。

结论 → 根据个人喜好和不同的场合来选择合适的手账。

 无论是传统手账还是电子手账，选择适合自己的即可。

手机整理之后运行更顺畅

不整理手机
↓
内存占用过多，手机运行速度很慢

手机桌面乱
糟糟的
NG
手机应用没有
及时更新
24℃
下载了很多不需
要的手机应用
手机应用使用完不及时
关闭，一直在后台运行

不定期整理，手机运行速度越来越慢

手机里安装了很多从来不使用的手机应用，从来不整理照片和视频，手机运行速度越来越慢。应该定期整理手机，比如把经常使用的手机应用放在主页面，把手机应用按不同的用途进行分类等。

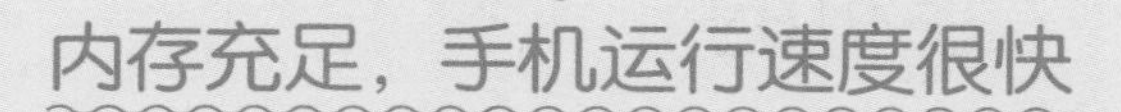
定期整理手机

↓

内存充足，手机运行速度很快

OK
及时卸载不用的手机应用
定期清理缓存数据
f
邮件
社交
拍照
音乐
游戏
新闻
导航
购物
电影
地图
及时更新手机应用
整理手机桌面，方便使用

定期整理手机，用起来更方便

为了让手机运行更顺畅，要定期整理手机，比如清理缓存数据，把手机里的照片和视频转存到电脑里，只保留常用的手机应用，并及时更新等。

 可以使用手机自带的手机管家一键清理手机缓存数据。

手机的 6 个整理方法

每周整理一次手机，手机运行速度会大幅提升！

❶ 经常清理缓存数据

缓存数据是手机应用在使用的过程中下载的临时文件，方便下次使用快速调用，缓存数据过多会导致手机运行变慢。

❷ 避免同时运行多个手机应用

多个手机应用同时运行不仅会加快电池的耗电量，手机也会变得卡顿。因此，手机应用用完要及时关闭！

❸ 卸载不需要的手机应用

手机中下载了很多应用，有一些从未使用过。定期整理手机，卸载不需要的手机应用。

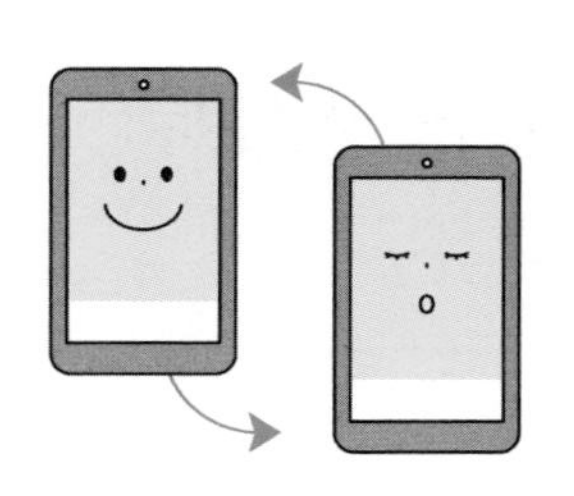

4 定期重启手机

建议定期重启手机。重启手机可以修复设置和显示上的故障，手机的反应也会更灵敏。

5 设置手机应用自动更新

将手机应用设置为自动更新，这样可以避免频繁弹出更新提示和手动更新的烦琐。

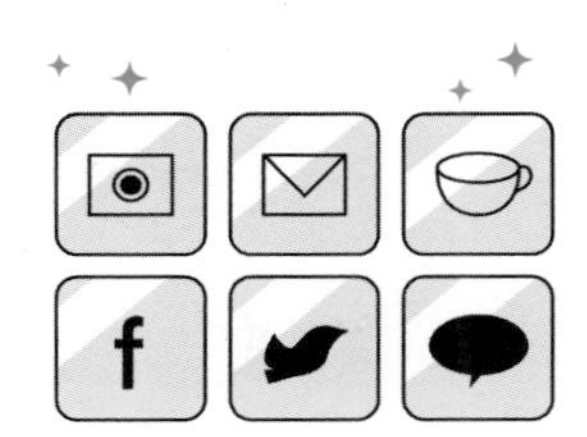

6 检查流量

一旦超过流量上限，上网就会限速。最好经常确认手机流量的使用情况。

Point

内存不够该怎么办呢?

安卓手机能另外插 SD 卡，可以转存一部分数据到 SD 卡里。苹果手机可以在设置里面扩大手机内存。建议定期把照片和视频转存到电脑里。

 要注意时常清理后台的缓存数据!

将同类应用整理到文件夹中，让主页面更整洁

苹果手机

1. 长按手机应用的图标，直到图标开始晃动

↓

2. 将图标拖动到同类应用的图标上面

↓

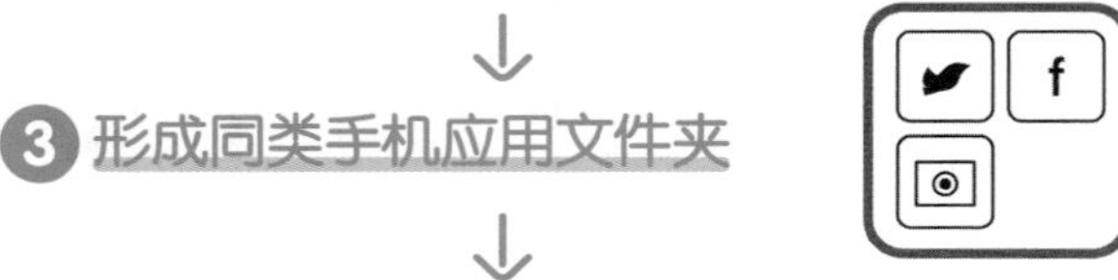

3. 形成同类手机应用文件夹

↓

4. 按照不同手机应用类型整理图标，还可以重新命名文件夹

Q 如果整理了文件夹，但不知道某一个手机应用在哪个文件夹里，该怎么办呢？

A 经常使用的手机应用不要拖进文件夹，放在主页面上。

把文件夹按用途命名为交通出行、照片视频等，常用的手机应用不要拖进文件夹，放在手机主页面上，这样用起来更方便。

安卓手机

主页面乱糟糟的，手机运行太慢了！

1. 长按手机应用的图标，直到图标可以移动

2. 将图标拖动到同类应用的图标上面

3. 形成同类手机应用文件夹

4. 整理同类手机应用文件夹，还可以重新命名文件夹

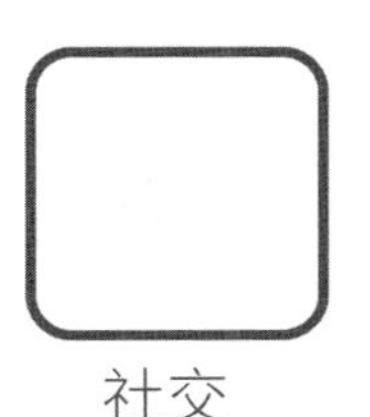

模块功能的使用方法

看一下主页面，就能获取想要的信息

在Android系统中，不仅有天气模块、时间模块、新闻模块，还有搜索栏模块和日历模块等。每个模块展示出来的内容都不同，设计感很强，这也是Android系统的优点之一。

把手机自带的应用整理到文件夹里会使主页面更整洁。

手机内照片和视频的整理

那时拍的照片在哪?

大量的照片和视频，该如何整理呢?

虽然用手机拍摄很方便，但同时也会堆积大量的照片和视频。可以把数据自动备份在网盘上，这样整理起来就简单多了。

ADVICE

先从筛选照片开始整理吧!

如果同一个角度拍了很多张照片，不要全部留下，及时筛选照片。

☑ **模糊不清的照片，在拍完以后应马上删除。**

☑ **同一个角度和场景的照片，只留一张拍得最好的。**

照片和视频是不是把手机内存都占满了?
删除
删除
这个好!

照片和视频的保存方法

❶ 利用云存储服务

云存储是网上保存数据的服务。可以自动备份数据，还能按照时间顺序排列。

- 百度网盘
- QQ 微云
- 苹果云端（iCloud）
- ……

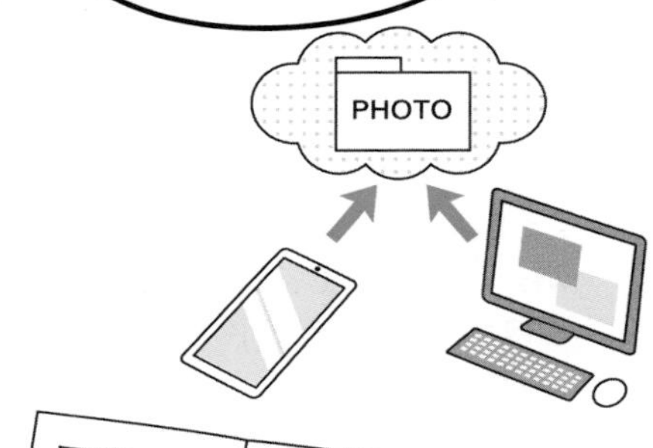

❷ 利用网络打印服务，把照片打出来

这是一种把网络传输的图片打印出来的服务。有一些复印店也提供网络打印服务。

❸ 制作成电子影集或小视频

用电脑或手机就可以轻松制作电子影集或剪辑视频。

推荐的手机应用

除了百度云盘等云存储服务之外，还有可以和家人共享照片、视频的手机应用！

使用“快相册”等手机应用可以与家人共享照片

用“快相册”等手机应用上传数据非常方便，还可以在照片中添加音乐。这样即使家人们不在一起，也能够近距离地了解彼此的近况。

即使手机内存满了，也不必删掉回忆！可以转存到电脑或网盘中。

苹果手机＆安卓手机，哪个更好用

苹果手机和安卓手机，选择哪个好呢？

系统流畅性

Android系统采用了虚拟机的运行机制，需要消耗更多的系统资源运行手机应用，其系统流畅性不及苹果手机的iOS系统。

文件管理器

安卓手机可以访问任意的文件目录，而苹果手机只能访问一些媒体文件。

摄像功能

苹果手机的摄像功能相对稳定，不同机型的安卓手机，操作和摄像功能很不一样。在更换安卓手机的时候可能会感觉有些不便。

Point 苹果手机和安卓手机的根本区别在哪儿？

操作系统不同。苹果手机使用的是苹果公司开发的iOS系统，安卓手机使用的是谷歌公司开发的Android系统。

比较两者的不同之处！

	苹果手机	安卓手机
操作系统	iOS	Android
品牌商	苹果	华为、索尼、三星等
主页面	简洁	主页或图片可定制
手机应用	多	比苹果手机少
价格	价格高	不同机型价格不一
模块	添加在通知中心	添加在主页面
和电脑联动	通过 iCloud 和 Mac 同步	机型不同，操作不同
SD 卡	×	有可使用的终端
备份	通过 iCloud 备份数据	通过谷歌账户、手机自带的备份软件等备份数据

苹果手机和安卓手机，哪个更好?

不存在哪个更好！按照自己的喜好选择即可。

不管哪款苹果手机，界面操作都是一样的。而安卓手机机型不同，界面操作也各不相同。此外，安卓手机有返回键，苹果手机没有。两者各有不同，不存在孰优孰劣。根据预算和个人喜好进行选择吧。

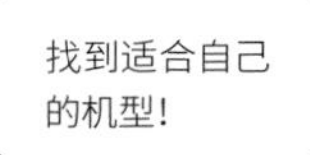

 定期更换手机壳或其他配件，心情也会焕然一新。

必备的手机应用

1 手机浏览器

常用的手机浏览器有百度、Safari、UC浏览器等。

2 图片管理类手机应用

有些图片管理手机应用可以按照拍摄日期和地点自动进行分类，使用起来很方便。比如时光相册、Slidebox等。

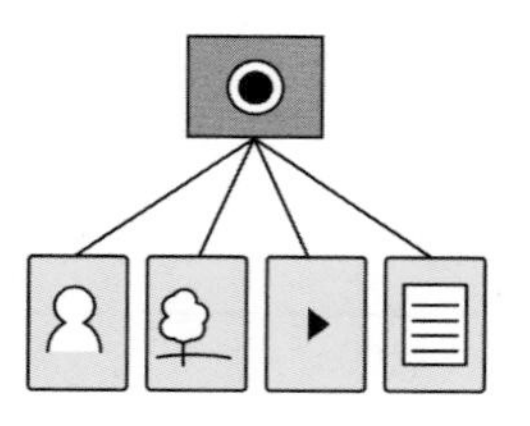

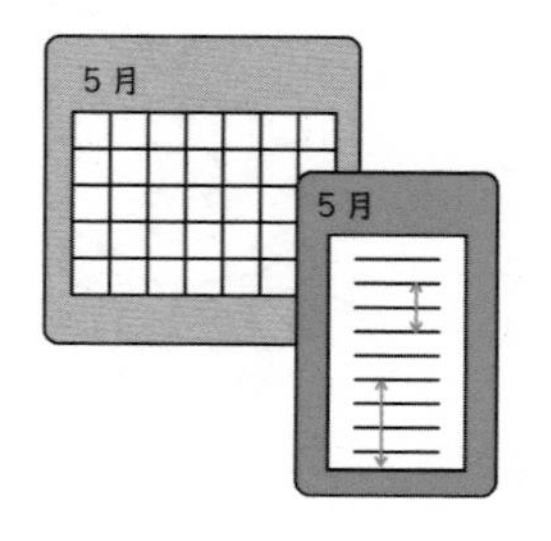

3 日程管理类手机应用

常用的日程管理手机应用有指尖时光、时光序等。

4 交通出行类手机应用

输入上车地点和目的地，就能细致规划交通工具和路线。推荐高德地图、百度地图等。

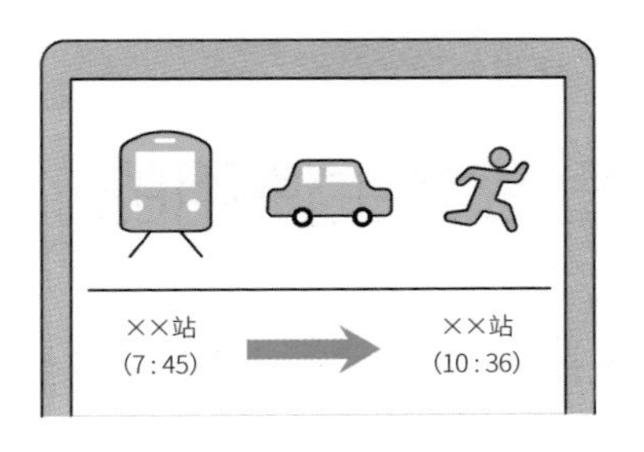

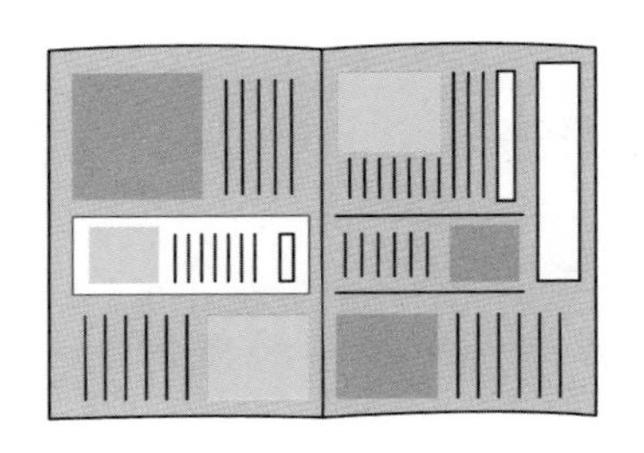

5 新闻类手机应用

每天通勤路上随时看新闻，能够掌握最新实事动态。推荐今日头条、腾讯新闻等。

6 音乐、视频类手机应用

常用的音乐类手机应用有网易云音乐、QQ音乐、酷我音乐等。常用的视频类手机应用有爱奇艺视频、优酷视频、腾讯视频等。

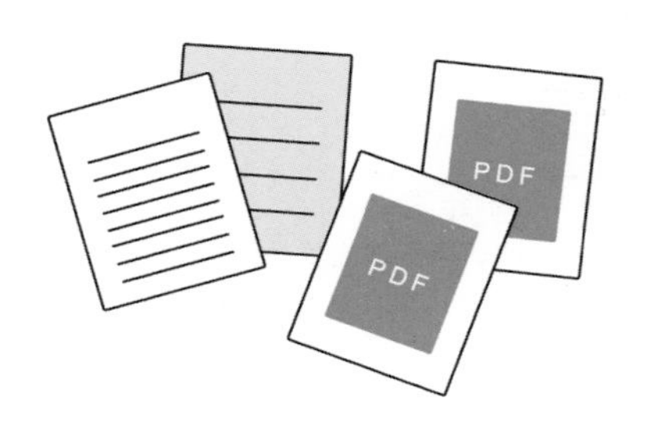

7 文档管理类手机应用

推荐手机版WPS、腾讯文档、石墨文档等。

虽然手机应用很便利，但安装过多手机应用会使手机内存不足！

适合女生使用的 15 款免费手机应用

推荐几款职场女生必备的手机应用，相信会对你有所帮助。

记录日常开销

随手记

随手记是一款个人理财手机应用，不仅可以记账，还可以设置预算，通过记账控制非理性消费。

鲨鱼记账

打开软件后，点击“记账”，选择消费项目，输入金额即可。操作简单，3秒钟就可以完成。

拍照更好看

美图秀秀

美图秀秀有一键美化、饰品、边框、拼图等功能，还有各种滤镜，简单易操作。

轻颜相机

轻颜相机有许多可爱的人脸贴纸和美颜滤镜，美颜效果满分。

黄油相机

黄油相机有很多模板，还有海量花体字和海报可以批量套用，非常方便。

运动健康

Keep

如果没有时间去健身房，自己锻炼又不得章法，可以学习Keep上的线上课程，Keep上的私教可以在线指导，让你在家也能轻松健身。

薄荷健康

在薄荷健康上建立体重、体脂等健康档案，以此为切入点，制订适合自己的减肥计划。

挑选优质餐厅

大众点评

拥有海量真实的用户点评，还有很多美食优惠、好店推荐信息等。

觅食蜂

通过美食专栏作者、资深美食达人等专业的美食评价，结合美食爱好者的综合口碑评价，每月推出各领域的美食排行榜，并推荐最优质的餐厅。

推荐今日菜谱

下厨房

一款适合年轻人的美食食谱手机应用，上面都是美食爱好者原创的菜谱。

时尚生活

蘑菇街

蘑菇街有上万名精通购物和穿搭的时尚达人，每天在直播间里推荐当季值得买的时尚单品、限时折扣的品牌商品以及性价比高的品牌。

小红书

达人好物推荐，涵盖美食、旅行、娱乐、影视综艺、时尚穿搭、美容护肤等方方面面。

好搭盒子

可以在好搭盒子中创建一个虚拟模特，发型、发色、肤色、妆容随意搭配！网罗各大时装品牌，在线试穿。

规划旅行

携程

携程提供了海量的机票、酒店和当地景点的信息。在手机应用里预订还有优惠。

去哪儿

不仅有本地旅游和观光信息，还有世界著名景观、热门美食的介绍等。

也可以下载几个同类型手机应用，试用比较一下！

第3章

金钱的管理

工作好几年了，仍然没有存款；从来不记账，不知道每个月花了多少钱；银行卡和信用卡一大堆，总是忘记还款日，也不知道每张卡里有多少钱。

如果你也有这些困扰，那么你该做一次“金钱整理”了。接下来，让我们一起学习金钱的管理吧！

※因中日国情不同，本节内容已改为适合中国国情的内容。

什么样的钱包能留住钱

钱包里塞满各种卡和零钱，不知道钱包里有多少钱

↓

很难留住钱

NG
钱包很破旧，有些地方都发黑了，用的时候也不会爱惜
塞满了卡和优惠券
优惠券
840
124
¥500off
钱包里乱糟糟的
零钱太多，钱包鼓鼓的
不知道这个月花了多少钱

钱包可以体现一个人对待金钱的态度

钱包里塞满了票据，不知道里面到底装了多少钱，各种卡和优惠券越攒越多，要用的时候却找不到……如果不整理钱包，对钱没有规划，会很容易乱花钱，也很难留住钱。

♥ 只保留最少的卡，并且知道钱包里有多少钱

↓

留得住钱

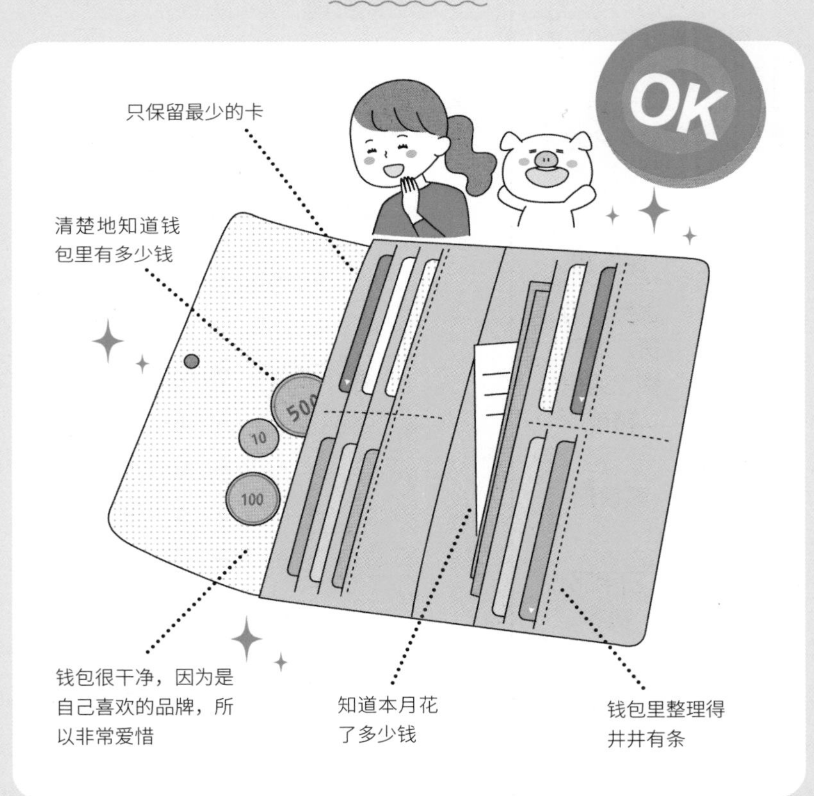
OK
只保留最少的卡
清楚地知道钱包里有多少钱
500
10
100
钱包很干净，因为是自己喜欢的品牌，所以非常爱惜
知道本月花了多少钱
钱包里整理得井井有条

每次打开钱包都心情舒畅！

认真整理钱包之后，就能准确地知道钱包里有多少钱，还能了解每月的收支情况，银行卡和优惠券更方便取用。认真整理钱包，每次打开钱包都心情舒畅，也不会糊里糊涂多花钱了。

社保卡和公交卡可以放在卡包里，和钱包分开携带。

确定每个月的支出

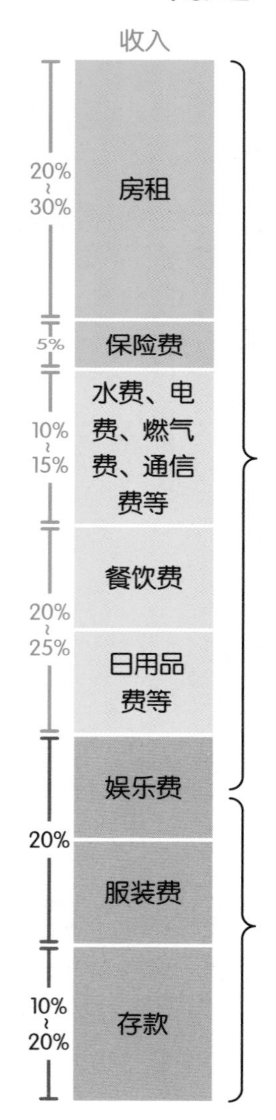

按照固定支出和非固定支出来核算

每个月的支出分为三个部分：固定支出；固定但是金额不确定的支出；非固定支出。

每个月的固定支出

金额确定
=
房租、保险等

金额不确定
=
水费、电费、燃气费、通信费、餐饮费、日用品费等

每个月的非固定支出

服装费、娱乐费等

可以从服装费和娱乐费等非固定支出中节省开支，以增加存款。

做好收支管理，增加存款

不是将剩余的钱存起来，而是把存款作为固定支出的一部分

每个月从收入里拿出固定的钱进行储蓄，然后用剩余的钱生活，这样的储蓄意识非常重要。

调整交通费、网费和通信费等的套餐

重新梳理交通费、网费和通信费等，必要时可以通过调整套餐开源节流。

餐饮费、服装费、娱乐费等要设定上限

餐饮费、服装费、娱乐费等不能想花多少花多少，每个月必须设定明确的上限。

为了不透支，必须做好金钱的收支管理！

ADVICE

每个月把钱集中花在一个项目上

既要省钱，也不能亏待自己。如果这个月决定买化妆品，就可以下个月去看一场期待已久的演唱会。这样每个月把钱集中花在一个项目上，就能缓解存钱的压力了。

根据收支情况调整投保额度，尽量保证最小限度开支！

选择适合自己的银行

管理银行卡的基本原则

1. 选择一家适合自己的银行
2. 开两个账户，分别用于储蓄和开销
3. 用综合账户进行管理
4. 设置成同一个账户扣款
5. 注销不用的账户

综合账户可以完成的事项

活期存款和定期存款集中在一个账户叫作综合账户。只需一个账户号码，即可以处理储蓄存款、定期存款、外币储蓄存款、外币往来。另外，综合结单清楚列明存款账户的结余、贷款、按揭、保险、信用卡及结存总额，还有各个存款账户的账项数据及提存记录。所有财务往来都一目了然，理财简单又方便。

选择国有商业银行还是城市商业银行?

如果是上班族，最好选择工资入卡的银行。至于选择国有商业银行还是城市商业银行，可以根据居住地的便利性来考虑。

如何选择适合自己的银行?

1 附近有分行、ATM 机

确定公司或家附近有该银行的分行网点、ATM 机，使用其他银行的 ATM 机需要额外支付手续费。

2 转账手续费便宜

不同银行的转账手续费不同，选择手续费低的银行。有些银行提供满足某些条件减免手续费的服务，可以咨询大堂经理作详细了解。

3 符合自己的使用习惯

根据自己的具体需求来决定选择哪家银行。比如以储蓄为主，就选择一家利息较高的银行；计划留学海外，就选择一家有较强海外能力的银行等。

4 便于金钱管理

选择利率较高、金融产品选择范围较广的银行。

中国有哪些银行?

中国银行业大致分为中央银行、国有商业银行、股份制商业银行、政策性银行、城市商业银行、农村商业银行、外资银行。

中央银行

中央银行只有一家，即中国人民银行。

国有商业银行

国有商业银行有交通银行、工商银行、农业银行、中国银行、建设银行、邮政储蓄银行。

股份制商业银行

股份制商业银行有招商银行、浦发银行、中信银行、中国光大银行、华夏银行、中国民生银行、广发银行、兴业银行等。

政策性银行

政策性银行是指由政府创立，在特定领域开展金融业务的不以营利为目的的专业性金融机构。有国家开发银行、中国进出口银行、中国农业发展银行等。

城市及农村商业银行

城市商业银行有北京银行、天津银行、晋商银行等；农村商业银行有北京农商银行、上海农村商业银行、重庆农村商业银行等。

外资银行

外资银行有花旗银行、渣打银行、瑞穗实业银行、汇丰银行等。

 中国银行可以兑换外币的币种最多，大额的外币兑换需要提前预约。

开两个账户，分别用于储蓄和开销

这个账户不处理银行扣款，只需每个月将固定的钱转账到开销账户上。

→ 固定的钱

开销账户

所有开销都用这个账户，比如房租、水费、电费、燃气费、信用卡扣款等。

||

不绑定信用卡，每个月只将固定的钱转到开销账户中！

||

限定可支配金额的范围！

剩余的钱全部存起来

把工资卡当作储蓄卡

把工资卡当作储蓄卡，不绑定信用卡。每个月把固定的钱转账到开销账户中，作为储蓄卡消费额度的上限。剩余的钱作为当月的储蓄。

Column

网上银行也很方便！

网上银行的优点是没有时间和空间的限制，而且很多网上银行都没有转账手续费。但不足之处是网上银行不能直接取款，只能转账或去ATM机上取款。

Point

选择银行时可综合考虑

在选择银行的时候，既要考虑手续费和利息等，还要考虑居住地的银行网点和ATM机的便利性。另外，如果需要还房贷，还要考虑购房合同中开发商指定的贷款银行。

所有银行异地不跨行转账都是没有手续费的，跨行转账手续费，不同的银行有所不同。

职场女性要掌握工资明细

工资包括固定收入和变动收入

工资组成里有固定收入和变动收入，固定收入包括基本工资、住房补助、交通补助等；变动收入包括出差补助、节假日加班补助、项目提成等。如果按照高收入月份标准来制订生活预算，到了低收入月份的时候，钱就不够花了！

例（以右页的工资明细为例）

月收入为 9401 元

其中，固定收入为 8901 元，

变动收入为 500 元。

按照低收入月份标准来制订生活预算

按照固定收入标准来安排生活开销，这样更容易存钱。水费、电费、燃气费等固定支出则要留出余量。

从工资收入中扣除的“五险一金”

养老保险
养老保险由用人单位和劳动者共同缴费，单位按照本单位职工工资总额的比例缴费，个人按照本人工资的比例缴费，最低缴费基数不得低于当地职工最低工资标准。

医疗保险
医疗保险由用人单位和职工共同缴费，单位缴费率应控制在职工工资总额的6%左右，个人缴费率一般为本人工资收入的2%，最低缴费基数不得低于当地职工最低工资标准的60%。

失业保险
失业保险由用人单位和职工共同缴费，单位按照本单位工资总额的2%缴纳，个人按照本人工资的1%缴纳，各地缴纳标准可能会有差异，最低缴费基数不得低于当地职工最低工资标准的60%。

工伤保险
工伤保险由用人单位缴费，用人单位缴纳工伤保险费的数额，为本单位职工工资总额乘以单位缴费费率之积，不同行业和不同单位费率可能不同，最低缴费基数不得低于当地职工最低工资标准的60%。

生育保险
生育保险由用人单位缴费，具体由企业按照其工资总额的一定比例缴费，具体比例各地不同，最低缴费基数不得低于当地职工最低工资标准的60%。

住房公积金
住房公积金由用人单位和职工共同缴费，单位的月缴存额为职工本人上一年度月平均工资乘以单位住房公积金缴存比例。个人的月缴存额为本人上一年度月平均工资乘以个人住房公积金缴存比例。个人和单位的缴存比例均不得低于5%，最低缴费基数不得低于当地职工最低工资标准。

●工资明细

（以北京地区月薪10000元为例）

收入	基本工资	10000
	住房补助	500
	交通补助	200
	出差补助	500
扣除	养老保险（8%）	800
	医疗保险（2%）	200
	失业保险（1%）	100
	工伤保险	0
	生育保险	0
	住房公积金（6%）	600
	个人所得税	99
总收入		11200
扣除总额		1799
最终收入		9401

五险一金的缴费比例各地政策不同，会有所差别，因此最低缴费比例也会略有不同。

先确定每个月的储蓄金额

制订计划，把收入的10%~20%存起来！

存钱的基本原则是长期积累，积少成多。一般来说，每月储蓄收入的10%~20%比较合适。不是把开销以外剩余的钱存起来，而是把每月收入的10%~20%先存起来。如果每个月储蓄收入的10%，那10个月之后就能攒出1个月的工资。让我们先以此为目标开始存钱吧！

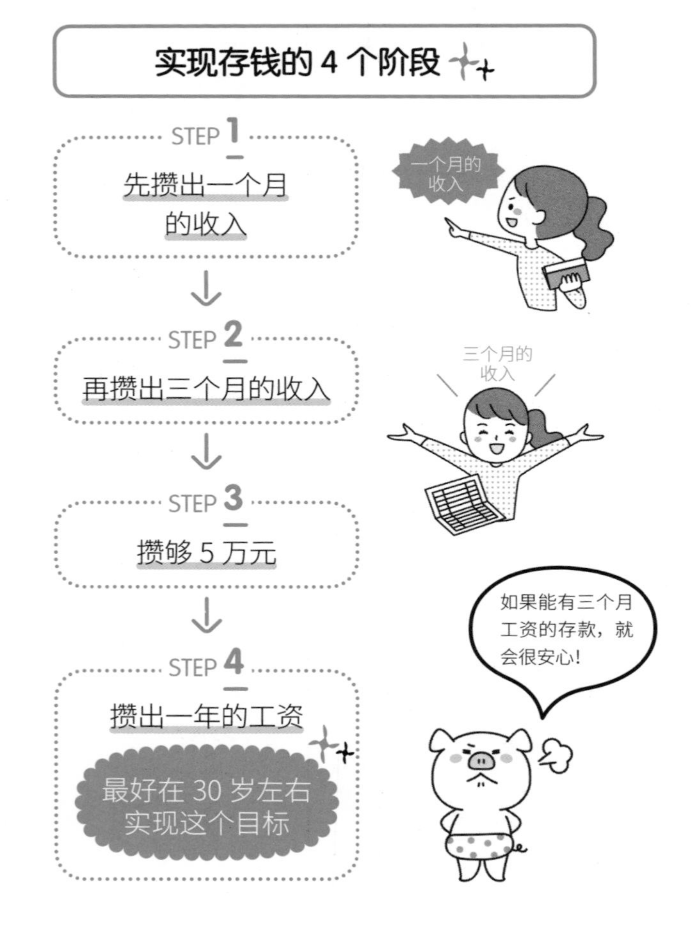

实现存钱的 4 个阶段
STEP 1
先攒出一个月的收入
一个月的收入
STEP 2
再攒出三个月的收入
三个月的收入
STEP 3
攒够 5 万元
STEP 4
攒出一年的工资
最好在 30 岁左右实现这个目标
如果能有三个月工资的存款，就会很安心！

改掉存不下钱的5个坏习惯

1 只要没钱就立刻去取钱

ATM机不是你的钱包。每个月先计划支出范围，再根据这个范围确定开销金额。

2 拖欠水、电、燃气等费用

为了避免拖欠水、电、燃气等费用，计划每个月的固定支出时要留出余量。

3 无节制地刷信用卡

用信用卡消费也要有计划，不能因为预算超支而无节制地刷信用卡。

4 在便利店里买很多便宜的东西

便利店里的饮料、零食等虽然不贵，但买得多了也是一笔不小的开销。可以适当削减这方面的支出，比如出门带上水杯等。

5 特别喜欢网购

网购不需要现金支付，很容易冲动消费，所以在付款时要认真考虑想买的物品是否真的需要。

不要因为便宜就冲动消费，不然很容易花钱买一些用不到的东西。

用奖金奖励自己或进行自我投资

奖金是变动收入，不要把奖金当作生活费

奖金是变动的收入，不是每个月都有奖金。当工作业绩不佳时，可能都拿不到奖金。所以把奖金当作生活费是不可取的。

用奖金奖励自己！

奖金可以用来储蓄，也可以拿出其中一部分来奖励自己。有奖励，才有继续努力的动力。

ADVICE

奖金不要仅用来消费，最好能进行自我投资

可以用奖金进行自我投资，让自己增值，比如学习新技能、去喜欢的国家旅游等。

奖金的分配方法

最多使用一半，剩余的一半存起来备用

把奖金一分为二，一半用于储蓄，一半用于开销。不必在意具体存多少钱，只要将奖金的50%存起来就可以了。另外，还可以从储蓄金里预留一部分当作活期存款，用来应对突然受伤或生病等需要紧急用钱的情况。

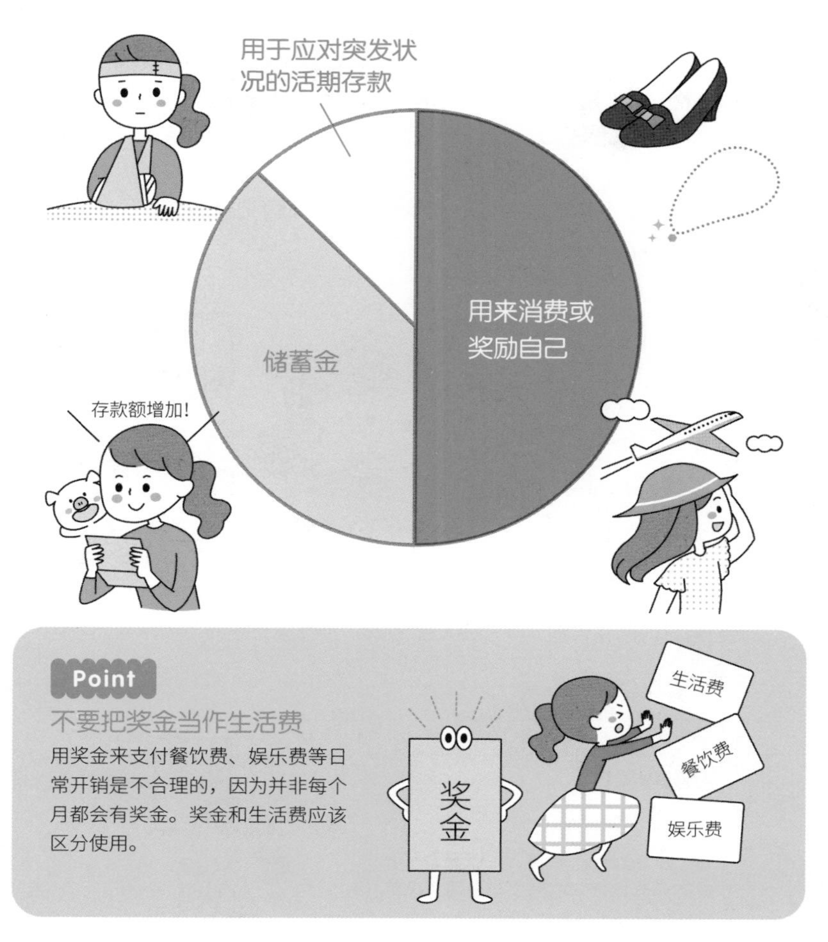
用于应对突发状况的活期存款
用来消费或奖励自己
储蓄金
存款额增加！
Point
不要把奖金当作生活费
用奖金来支付餐饮费、娱乐费等日常开销是不合理的，因为并非每个月都会有奖金。奖金和生活费应该区分使用。
奖金
生活费
餐饮费
娱乐费

拿出奖金的50%，果断入手提升自己格调的饰品或包！

能存下钱的人都有记账的习惯

从来不记账，不知不觉中就把钱花掉了。买东西不在意价格，买完发现买贵了。

调整自己的购物习惯，买东西货比三家，并养成记账的习惯，从而减少浪费。

ADVICE

每个月整理一次账单

每个月整理一次账单，可以减少不必要的开支，比如取消手机应用订阅的连续包月等不必要的费用。

首先记录支出费用

先把每天的支出费用记录下来，了解每个月在哪些项目上花了多少钱，以此来确定每个月的最大开销。

↓

掌握每个月花了多少钱

↓

了解自己的财务状况是负债还是盈余

可以整理银行卡、支付宝等支出记录，把每个月的支出费用记录下来，用收入减去支出总额。通过上述方法了解自己每个月的财务状况是负债还是盈余。

↓

通过记账节省开支

记账主要是为了了解自己每个月的财务状况。通过记录每一笔支出，就能了解自己常用物品的最低价，还能知道自己可以在哪些方面节省不必要的开销。

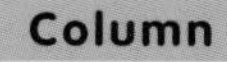

Column

还可以用手机应用记账

用手机应用记账更便捷，推荐使用本书第62页介绍的两款记账手机应用。

只记账是不够的，重要的是要了解自己在哪些方面花了多少钱。

4个方法，找到“去向不明”的钱

不及时记账，实际收支和记账簿就对不上了，你有没有遇到过这种情况呢？

Point 1

没有票据的支出要及时记录在手机上

没有票据的支出最容易产生“去向不明”的钱，比如和同事吃饭AA付款的时候，最好及时用手机记账以免忘记。

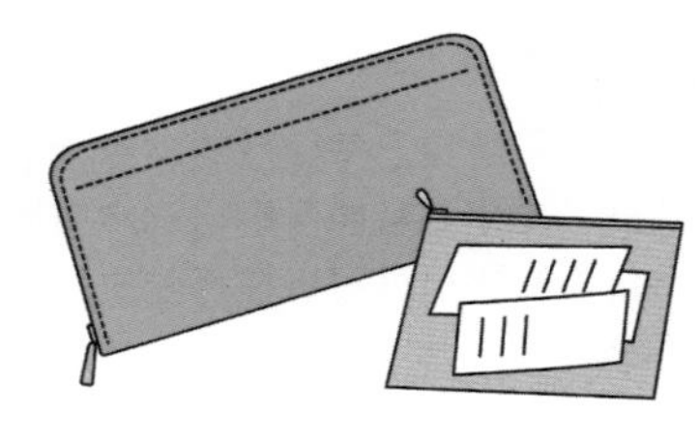

Point 2

不要把票据放在钱包里

如果把票据胡乱塞进钱包不及时整理，钱包就会鼓囊囊、乱糟糟的。建议随身携带一个票据袋，把票据统一整理好放进票据袋里。

Point 3

每周整理一次账单

如果不及时整理账单，时间久了就会记不清楚，容易出现“去向不明”的开销。最好每周整理一次账单，养成按照自己的节奏定期整理记账簿的习惯。

Point 4

尽量用同一张信用卡支付

使用信用卡不仅可以留下消费记录，还可以积分。另外，用信用卡支付能避免积攒零钱，钱包也能更加整洁。

“去向不明”的钱相当于丢失的钱

如果每月记账的差额只有几十或一两百元，那可以忽略不计，但是如果差额多达成百上千元，就需要重视了。这些钱相当于丢失的钱。

☑ 收入 10000 元
☑ 记账簿上的支出 7000 元
☑ 剩余 3000 元
↓
☑ 实际只剩 2000 元
↓
1000 元是“去向不明”的钱！

这些情况也会产生“去向不明”的钱！

在自动贩卖机买东西

如果每周在自动贩卖机上买 5 次 10 元的饮料或零食，一个月下来就是 200 元！零钱积少成多，等到发现的时候已经是一大笔钱了。

乘坐地铁和公交车

乘坐地铁和公交车很容易忘记记账，一定要及时记录。在给交通卡充值的时候，一定要记得拿票据。

把票据扔了

便利店的收银台前面就有扔小票的地方，买完东西随手就把小票扔了，这样“去向不明”的开销就会越来越多。

如果觉得记账精确到个位数太烦琐，也可以四舍五入，记一个容易核算的整数。

信用卡精简到两张

信用卡只留两张的理由

1. 便于积分
2. 便于管理开销
3. 不用缴纳过多的年费
4. 钱包里不用装很多卡
5. 普通信用卡和联名信用卡各一张，享受更多福利

普通信用卡：银联卡和 VISA 卡
联名信用卡：兼具银行积分和联名商家的优惠

“普通信用卡”是各大银行发行的信用卡，有招商银行信用卡、交通银行信用卡等。“联名信用卡”有京东联名信用卡、航空公司联名信用卡等，联名信用卡一般有独家优惠活动，积分也很多。在不同情况下分开使用很划算。

ADVICE

分期付款要留意手续费

一次性全额还款基本上是不需要手续费的。不同银行的信用卡分期付款手续费收费标准不同，信用卡分期付款一般分为3期、6期、12期和24期等，具体收费标准可以拨打银行客服进行咨询。

管理多张信用卡的要点

避免持有同一家银行的多张信用卡

同一家银行多张信用卡额度共享，多张卡也并不会增加信用总额度。一般不要在同一家银行申请多张信用卡。

了解每张信用卡的年费规则

一般的信用卡需要刷够一定次数或者金额才能免年费。每申请一张信用卡，都要先了解它的年费规则，比如什么时候扣除年费，是按照自然年来算，还是依照开卡后的一个周期来算等。

错开设置每张卡的账单日

把多张信用卡的账单日设置在同一天，还款固然方便，但设置同一还款日还款压力会比较大，也不便于资金周转。可以将不同信用卡的还款日错开设置，比如，分别设置在月初、月中和月末。

用表格和银行官方微信公众号管理多张信用卡

制作一个表格，记录每张信用卡的卡号、账单日、还款日，如果信用卡丢失，可以翻阅表格及时补办。还可以在银行官方微信公众号中获得信用卡的每笔交易通知，随时查看账单。

 可以给每张信用卡开通自动还款功能，保证绑定还款的银行卡内余额充足。

根据个人需求选择最划算的信用卡

根据自己的生活方式和消费需求来选择信用卡。

❶ 想累积里程选择航空公司联名信用卡

如果想通过信用卡消费累积里程数，推荐航空公司的联名卡。如农业银行金穗海航联名卡、建设银行东航龙卡等。

10倍积分

京东
积分卡

❷ 购物网站联名信用卡

如果经常网购，选择京东、支付宝等联名信用卡会很划算。优惠日可以有10~20倍积分，精打细算买东西可以节省不少钱。

③ 满足自身兴趣爱好的联名信用卡

如果喜欢看电影或看话剧，推荐猫眼电影联名信用卡等。这类卡有许多优惠活动，比如可以优先买到热门话剧票等。

④ 适合支付房租的信用卡

房租是大额消费，有年付、半年付、季付等方式，用信用卡支付房租可以缓解租房资金的压力，还可以积攒信用度。

⑤ 常去的超市、便利店或百货商场的联名信用卡

家乐福或7-11等超市、便利店联名卡的特点是积分返还率高。还有百货公司联名信用卡，按照年内购物金额的多少，提供相应的折扣比例。如果经常在固定的超市、便利店或百货商场购物，可以留意相关的信用卡业务。

如果信用卡的等级提高，年费也会随之增加，但如果积分返还率也随之提升的话还是很划算的。

投资金额不超过收入的一成

投资的注意事项

① 合理评估自己的风险承受能力

投资有风险，收益率和风险等级一般成正比，不能只注重收益，而忽略风险。要合理评估自己的风险承受能力，选择投资适合自己经济实力与风险承受能力的金融产品。

② 投资金额不要超过收入的一成

如果把生活费投在有风险的金融产品上，一旦亏损生活就难以维持。投资金额最多不要超过收入的一成。

③ 通过分散投资来降低风险

如果用所有资金买入一个金融产品，暴跌的时候就会亏损太多。因此要分散投资几种金融产品来降低风险。而且金融投资不是短期存钱，需要几年、甚至几十年长期经营才会获益。

投资理财产品

1 购买理财产品

理财产品在证券交易所、银行、网上证券交易系统等都可以购买。不同的途径买入手续费也不同。

2 委托投资经理代为投资理财产品

可以自己直接投资股票、债券和基金等理财产品，还可以委托投资经理代为投资理财产品。

3 获得收益

如果投资的理财产品升值了，基准价格高于买入时的价格，高出的差额就是获得的收益。不过，投资经理也会按照经营业绩抽取一定比例的佣金。

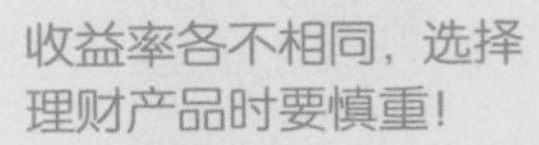

收益率各不相同，选择理财产品时要慎重！

想要更高的收益，就要承担更大的风险。建议新手选择年收益在3%~5%的风险较低的理财产品。

理财产品也可以在网上证券交易系统购买，网上购买时手续费经常有优惠。

根据不同的人生阶段，做好金钱规划

人生和储蓄的关系

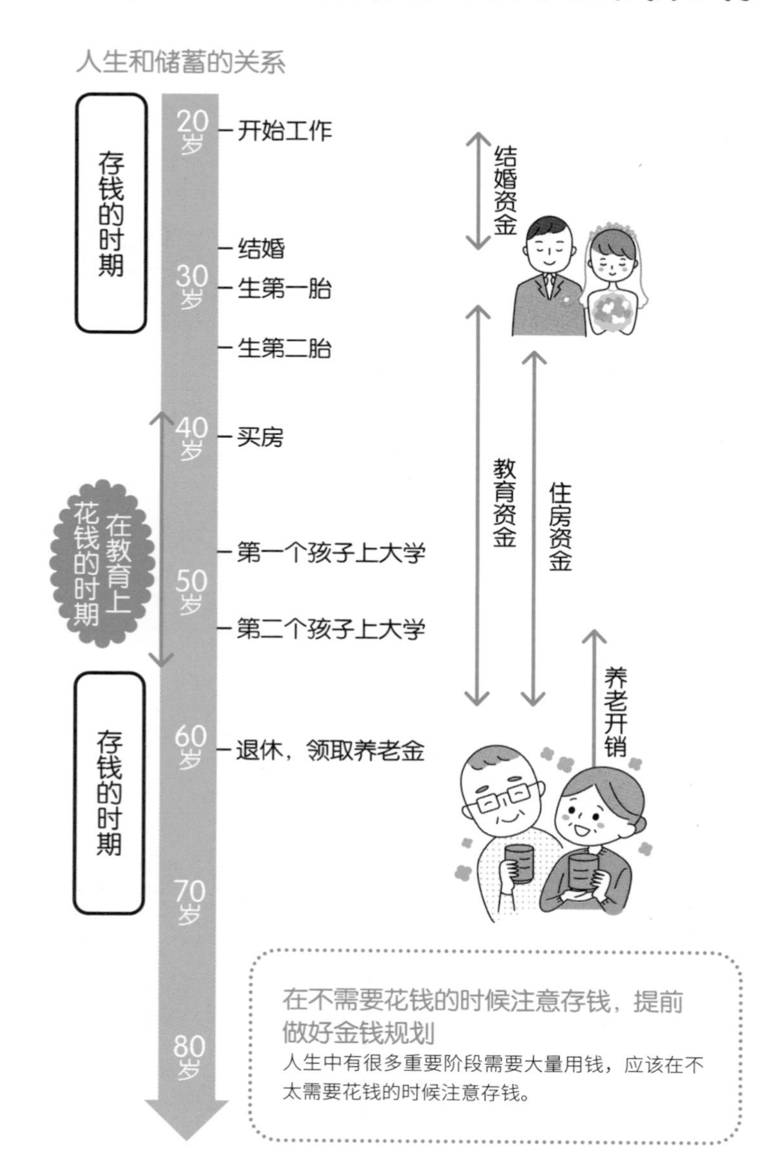

在不需要花钱的时候注意存钱，提前做好金钱规划

人生中有很多重要阶段需要大量用钱，应该在不太需要花钱的时候注意存钱。

需要了解的津贴和保险

生育津贴

生育津贴是指职业女性因生育或流产而离开工作岗位中断收入时，按照生育保险的法律法规给予定期支付现金的一项生育保险待遇，又称现金津贴。大部分城市生育津贴、补贴申领由公司代为办理。部分城市生育津贴、补贴申领由个人办理，需提供相关资料，在指定时间内到社会保险事业管理局办理。

少儿保险

少儿保险一般有少儿健康险、少儿重疾险、少儿医疗险、少儿意外险等。孩子患有重大疾病对家庭的影响是巨大的，在治疗时，家长需要停工照看，并且还要支付昂贵的治疗费用，这对许多家庭而言都是沉重的负担。如果提前为孩子购买了重疾险，保险公司的理赔金可以让孩子获得优质的治疗。特别要注意的是，妈妈在为孩子购买少儿重疾险时应及早投保，因为年龄越小保费越低，年龄越大保费越高。

特种疾病保险

特种疾病保险是为被保险人因患某种特殊疾病提供医疗费用的保险。这种保单的保险金额较大，以足够支付治疗产生的各种费用。特种疾病保险的给付方式是，一般在确诊为特种疾病后，立即一次性支付保险金额。

特种疾病保险的种类有生育保险、牙科费用保险、眼科保健保险、传染性疾病专门保险等。

办公桌、文件、笔记本的整理

每天在办公桌前工作，如果文件和名片不及时整理，就会越积越多，工作中还容易频频出错，甚至丢失重要文件！为了更好地集中精力工作，需要掌握一些办公桌和文件的整理技巧。

另外，身在职场中还要学会使用笔记本。笔记本不仅可以用来记录工作，还有很多妙用。努力成为干练的职场女性吧！

努力成为干练的职场女性

总是在找东西

↓

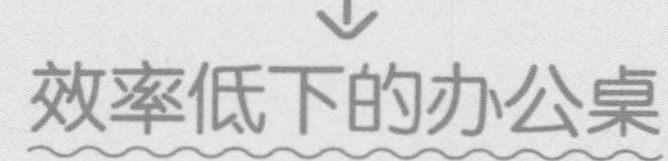
效率低下的办公桌

贴了太多便利贴，分不清工作的优先顺序
NG
文件堆积如山
4月
5月
电脑旁堆满物品，不便操作，工作进展缓慢
咖啡洒在办公桌上
东西放在地上，办公桌抽屉不方便打开
垃圾桶堆满了垃圾

工作效率和办公桌整洁度密切相关

文件堆成山，物品散乱地放在办公桌上，这样不仅影响工作，注意力也会分散。公司里人来人往，如果办公桌又脏又乱，容易让人质疑你的工作能力。

物品摆放井井有条
↓
效率高的办公桌

左手接打电话，腾出右手做记录
文件立着放节省空间
及时在日历上确认日程
OK
4月
5月
MEMO
经常使用的便签等放在方便拿取的地方
留出足够的空间方便办公
选择设计精美的办公用品，使办公桌看起来更整洁

办公桌井井有条，工作效率也会提高！

办公桌收拾得井井有条，能立刻着手开始做眼前最重要的工作。根据使用频率把文件分类整理，文件夹里装了什么一目了然。工作进展顺利，也会收到来自同事的肯定！

 办公桌收拾得井井有条，工作时心情舒畅！

打造0.5秒就能拿到物品的办公桌

每天都会使用的物品有哪些?

进展中
4月
5月

经常使用的物品

- 便利贴
- 曲别针、长尾夹
- 笔
- 文件夹，里面装着进展项目的相关文件
- 日历
- 胶带

0.5 秒

总是在找东西就是在浪费时间!

这些物品是扔掉，还是留着？

文具

根据使用频率，把文具分成一类文具和二类文具。将不常用的二类文具放进抽屉里，如果一个月后还没有使用，就可以把它们扔掉！

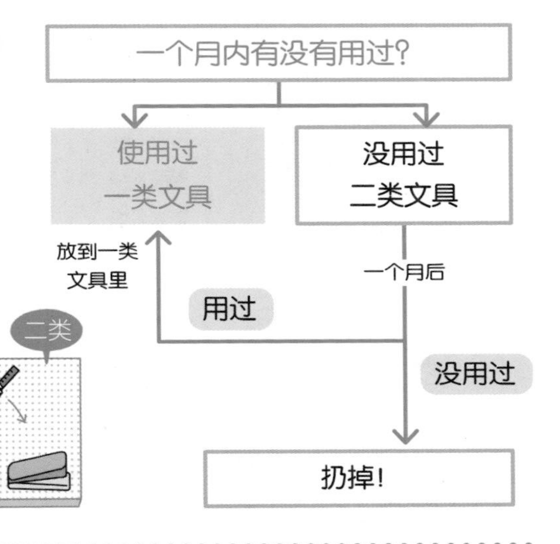

文件

一年内没有用过一次的资料、文件，以后基本也不会再看。此外，已经生成电子版的文件随时都能查看，可以把纸质版扔掉。

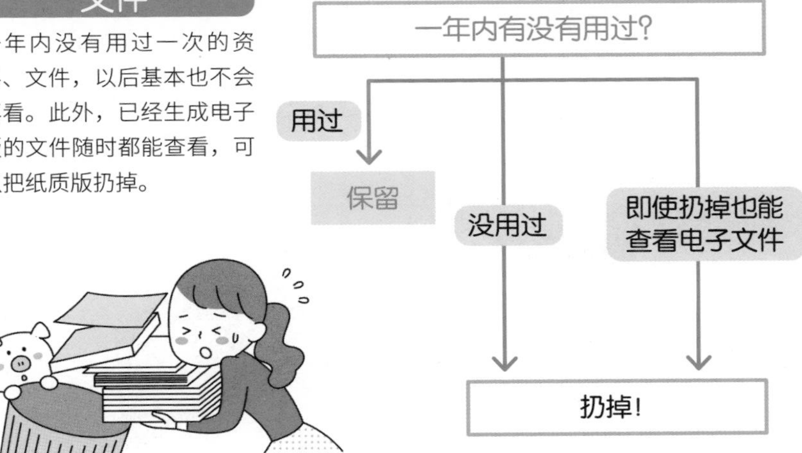

 一件物品是否该留着，只要犹豫超过5秒，就该扔掉！

从抽屉的布局可以看出个人品位

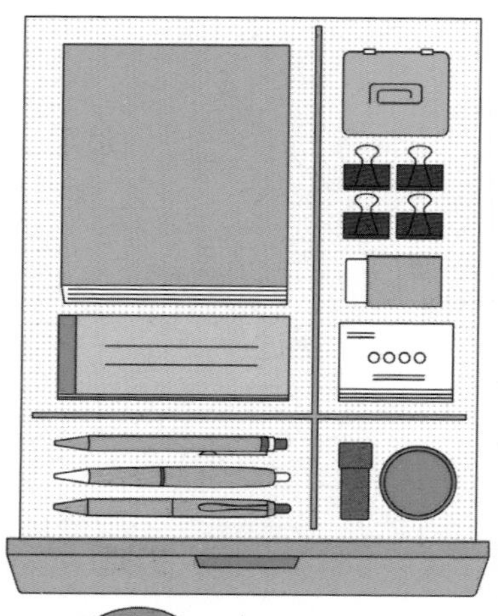

按照物品的使用频率，依次从外到内放进抽屉里

整理的基本原则是将经常使用的物品放在方便取用的地方，所以可以把常用物品放在最上层抽屉或抽屉内的最外侧。

ADVICE

把文件夹背脊朝下放置

在最下面一层抽屉放文件夹时可以把文件夹的背脊朝下放，这样放置方便查看和取用文件夹中的文件。

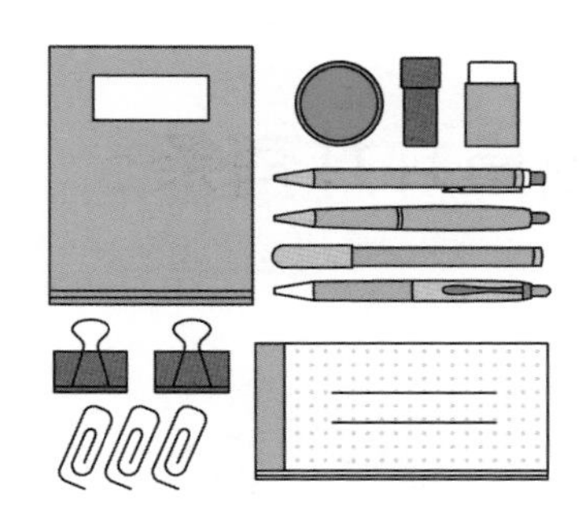

第一层

常用的文具

第一层抽屉适合放经常用到的曲别针、长尾夹、荧光笔等。如果抽屉上锁，印章等重要物品也可以存放在这一层。

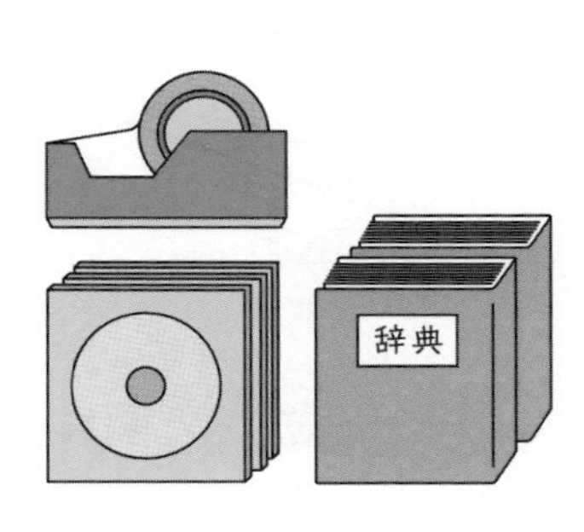

第二层

辞典等厚重的物品

第二层抽屉适合放词典、CD等比较厚重的物品。大卷透明胶不用的时候也可以放在这里。

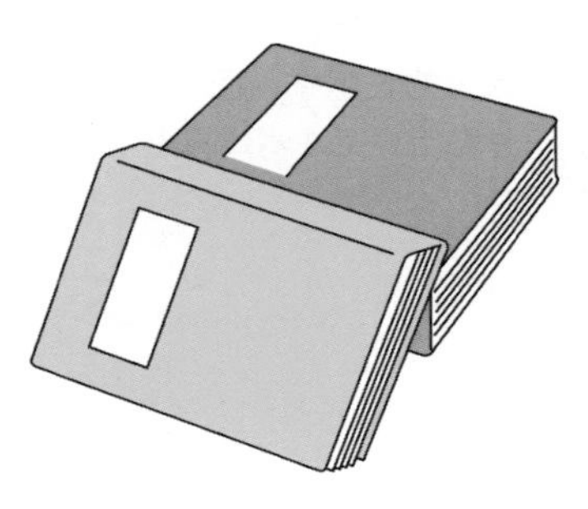

第三层

不常用的文件

第三层抽屉适合存放文件夹和不常用的文件。将常用的物品放在抽屉内最外侧，不常用的物品则可以放在抽屉里面。

Point 可以用胶带纸做标签

用胶带纸做标签，贴在文件夹上方便取用文件，摆放文件夹一般要把标签露出来。

只使用抽屉内70%的空间，不要放得过满。

6个小技巧，让办公桌井井有条

\ 技巧 /

❶ 把零碎的小件物品放进文件袋里

把卡片、贴纸、长尾夹、曲别针、便签条等小件物品放入透明文件袋里，既能看到里面装了什么，又能防止小件物品乱放。

\ 技巧 /

❷ 用长尾夹固定充电线

充电线用绕线夹收起来后使用不便。可以在桌子边缘夹一个大号的长尾夹，把线穿过去，并贴上标签注明线的用途。

\ 技巧 /

❸ 用收纳箱装零食

把办公室备的小零食放进收纳箱，比如口香糖、糖果、饼干等。看到喜爱的零食，心情会更好，工作也更有动力！

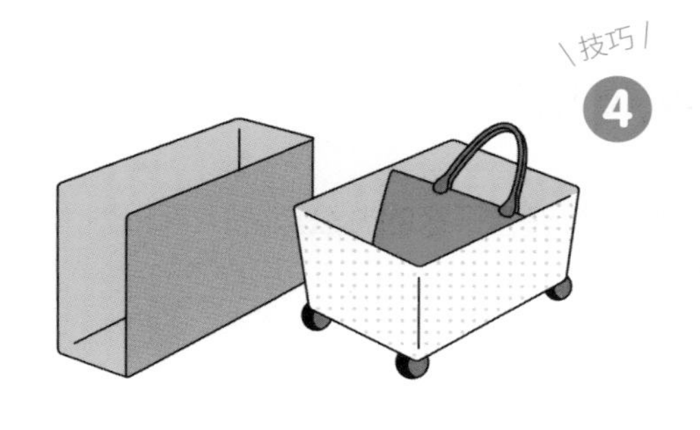

\技巧/

4 办公桌下方也可以用来收纳

办公桌下方最好什么都不放，如果想充分利用空间，可以放一个带轮子的置物筐，用来放包或暂时存放文件。

5 使用显示器增高架

用显示器增高架把显示器放在高处，下面可以放键盘，这样既能保证办公桌上有充足的空间，还可以提高工作效率。另外，把电脑显示器垫高，对颈椎也有好处！

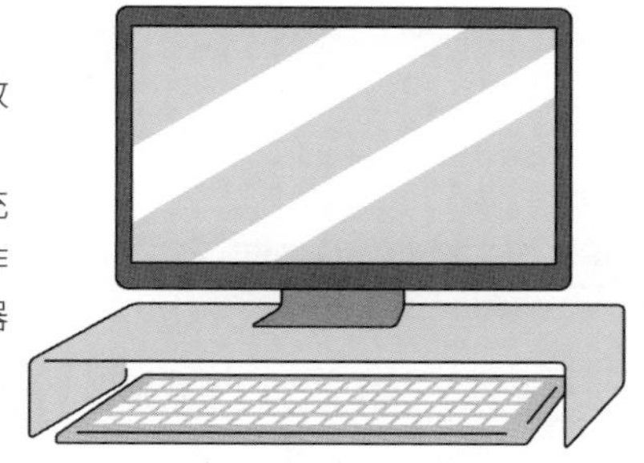

6 在办公桌上摆放让自己心情愉悦的物品

在办公桌上摆放一些让人看到就能心情变愉悦的小物品，如香薰、可爱的摆件、不易枯萎的绿植等，这样工作时也能心情愉悦！

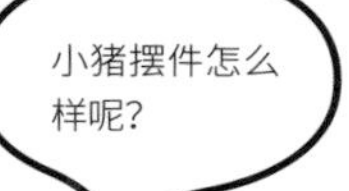

不常用的物品放在办公桌上不管，就只能落灰！

制订办公桌的整理规则

只要按照这些规则整理，就能拥有整洁干净的办公桌。

1 文件夹要竖着放

文件夹竖着摆放比平放更加节省空间，取用文件也更方便。

2 工作中遇到瓶颈时就整理一下办公桌

工作中遇到瓶颈时就整理一下办公桌，转换一下心情也许就会有新思路了！

3 在办公桌上留出能悠闲喝咖啡的空间

工作告一段落后，可以喝杯咖啡放松一下。如果办公桌很杂乱，心情也得不到放松。在办公桌上留出可以使心情放松的空间。

随意把饮品放在办公桌上，很容易不小心碰洒造成不便！要在办公桌上固定一个放饮品的位置。

4 把整理办公桌当作一项日常工作

设定整理办公桌的时间，比如一周一次、一月一次等。

5 留出空间放置正在进展中的项目文件

可以在办公桌上留出一块空间，用来放置正在进展的项目文件，比如正在做的工作资料、会议记录等。

6 下班前整理办公桌

下班前五分钟整理一下办公桌，把这件事当成一项日常工作来做。这样，第二天上班的时候也能心情愉悦地开始工作。

ADVICE

摆放物品要考虑工作时的活动范围

最好想象一下自己工作的场景，再决定物品的摆放，比如接打电话的时候，左手拿电话，右手做笔记等。

如果办公桌每天都能这么整洁，工作起来也会干劲满满！

 下班回家之前要把文件收起来，防止信息泄露。

办公室常用的收纳好物

本节将分享一些平时在办公室常用的收纳好物。

文件架

整理好的文件、资料、书等可以装在文件架里，这样就不容易倒。统一使用简约的样式或色系会更整洁。

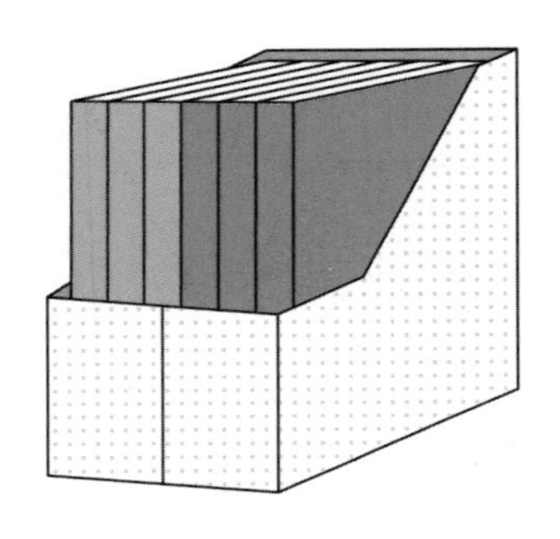

办公桌置物盒

“重要的文件找不到了”“忘记提交日期了”，把重要文件放进置物盒，就能防止这类情况发生，当然也不要忘了定期检查！

小型软木板墙可以用来贴重要的便签和照片等。精心整理和设计之后，还可以变成装饰品哦！

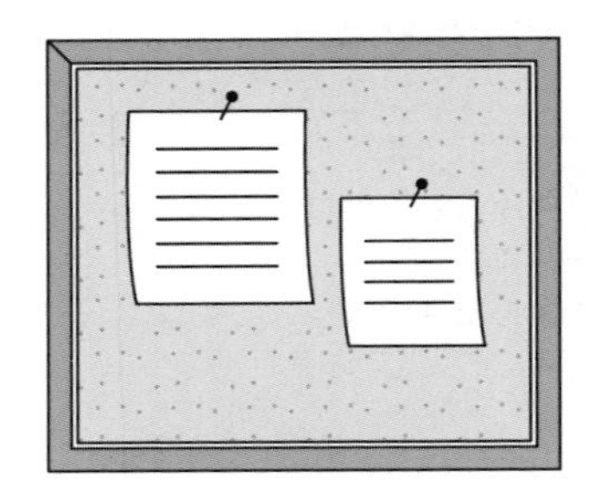

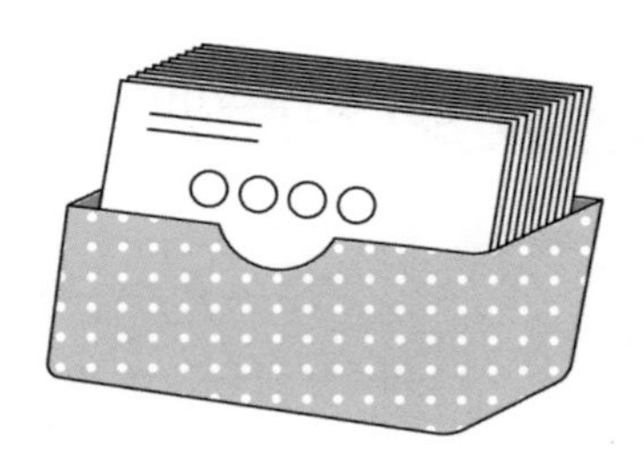

卡片收纳盒

把重要的名片、卡片和记录事项的便签条等放在卡片收纳盒里，以防丢失。选择设计可爱的款式，让收纳更有趣！

胶带

胶带的设计丰富多样，最少要准备两种：纯色无花纹的和有花纹的。这样在多种场合都能使用。

带手机架的笔筒

带手机架的笔筒可以把手机和笔收纳到一起，这样可以提高工作效率，方便又实用！

可堆叠玻璃瓶

放调料的小玻璃瓶可以装长尾夹、曲别针、图钉等小物品，非常方便。如果能叠在一起收纳，会更节省空间。

准备迷你垃圾桶和桌面吸尘器，保持桌面干净整洁。

将文件竖着摆放是绝对原则

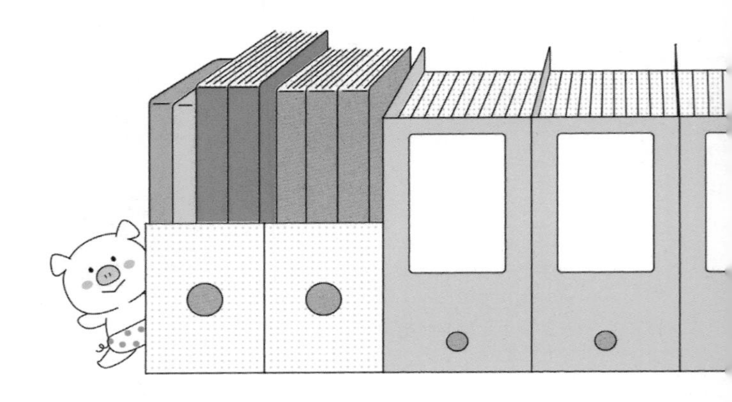

贴标签的技巧

❶ 名称简单明了

标签上的名称不仅要自己看得懂，也要让别人一目了然。

❷ 写上文件日期

写清楚文件的起始和结束日期，比如2021~2022年，2020~2023等。

❸ 写明保管期限

写明文件需要在何时处理掉，比如一年后、五年后、十年后等。

Point

将写了文件名的便利贴贴在文件夹背脊上

把名称写在便利贴或胶带上，然后贴在文件夹的背脊上，文件夹里装了什么资料就十分清楚了。等项目完成后撕下来即可。

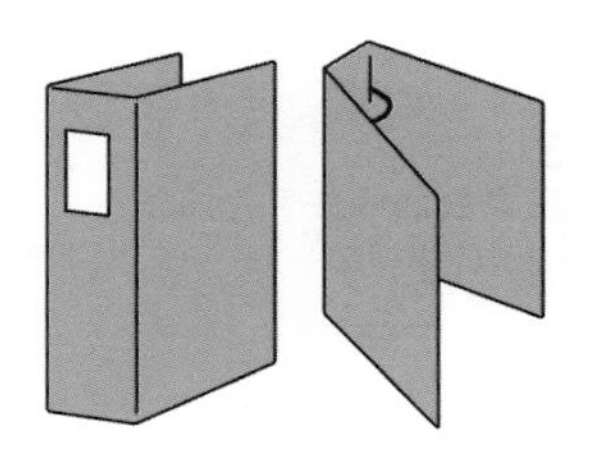

盒状文件夹

优点

文件不容易丢失，便于翻阅，顺序不容易乱。

缺点

每次装文件都要把中间的环打开，需要准备活页。

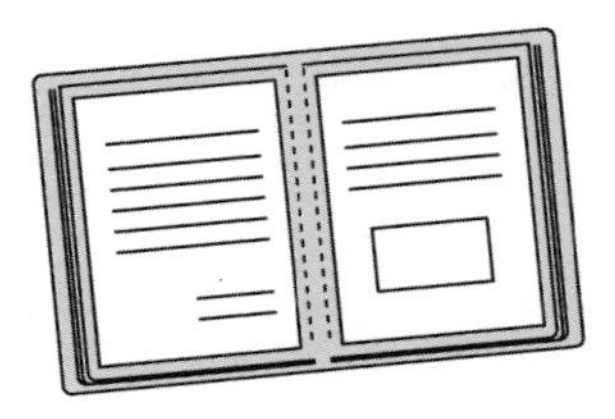

带透明插页的文件夹

优点

不需要打开中间的环就能装取文件，可以快速放入。

缺点

只能存放较薄的活页文件，不能存放书籍或较厚的文件。

单强力夹文件夹

优点

弹力夹可以灵活转动，只需一按就能取出文件。

缺点

文件页数很多的时候，容易脱漏。

最好备齐一个品牌的全系列文件夹，整理起来更方便！

整理名片的5个步骤

整理名片的正确流程

① 交换名片之后马上整理

Point

不能把名片放入名片夹里就不管了

收到的名片不及时整理，都积攒在名片夹里，需要的时候就不知道是谁的名片了。

② 记录对方的详细信息

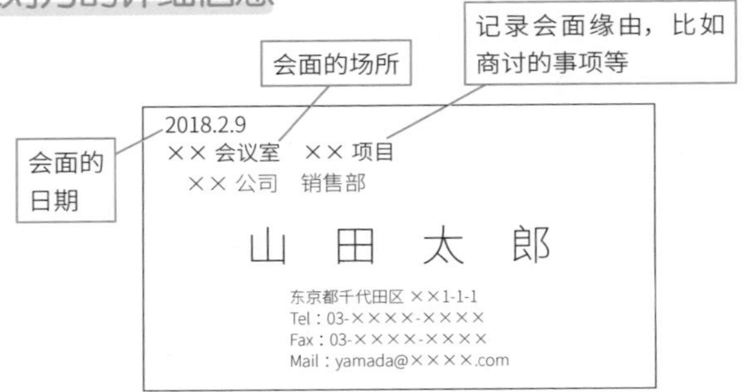

把名片放入名片夹之前，要在上面写上对方的详细信息。除了会面时间、地点、会面缘由之外，还可以记录对方的特点。

③ 进行分类

例

按类别分类

选择常规分类方法，比如按公司、名字首字母顺序、日期等分类。

按优先顺序分类

方便找到频繁联络的人和重要的人。

4 存放

将名片分类后，放在名片夹或者名片盒中。结合自己的需求，选择尺寸和容量合适的名片夹或名片盒。

名片夹

按重要程度分开放，名片一目了然。缺点是排序的时候很麻烦。

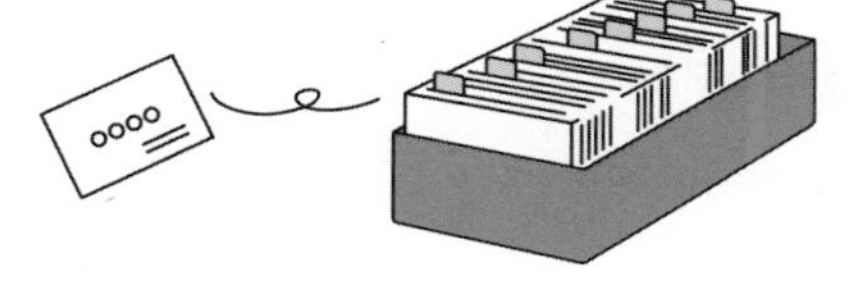

名片盒上有索引，可以分隔开，暂时存放很方便。缺点是不够一目了然。

5 定期整理

当名片越来越多时，就需要定期整理了，比如一些名片是否要扔掉，或者是否需要重新分类等。

根据自己的情况确定什么时候整理，比如每月一次、每个季度一次、每年一次等。

ADVICE

可以利用手机应用管理名片

将名片信息存储在名片管理的手机应用里，方便检索。里面可以存储大量的数据信息，既能节省找名片的精力，还能在公司内部共享。

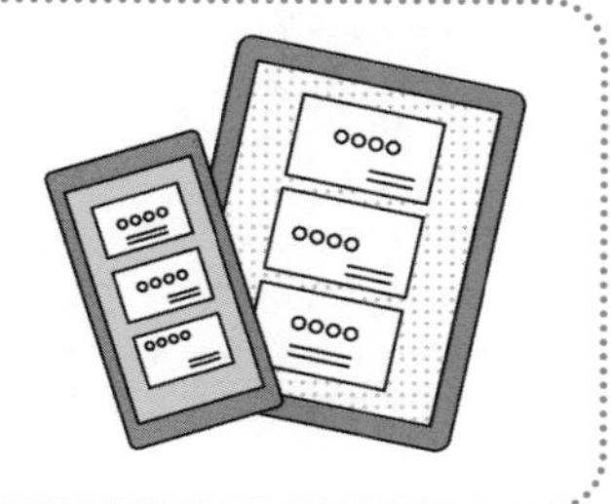

公司同部门人员可以使用共享名片夹！

清理文件也是工作之一

这些文件可以清理掉！

- 垃圾广告邮件、过期的留言便条
- 超过了保管期限的文件
- 确定版文件之前的记录和草稿
- 只有翻开查看才能想起内容的文件
- 前同事留下的、自己从来没有用过的资料
- 不知道在哪儿见过，也想不起对方长相的人的名片
- 已完成项目的相关资料

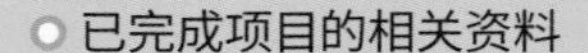

ADVICE

清理之后会带来不便的文件其实非常少！

有些文件虽然一时用不着，但说不定什么时候就会用到。这些文件装入文件夹的时候，就要清楚地写上相关的项目名称和保管期限。其实很多文件和资料可以使用电子版，有很多办法可以查阅。

只需这几步，轻松整理文件

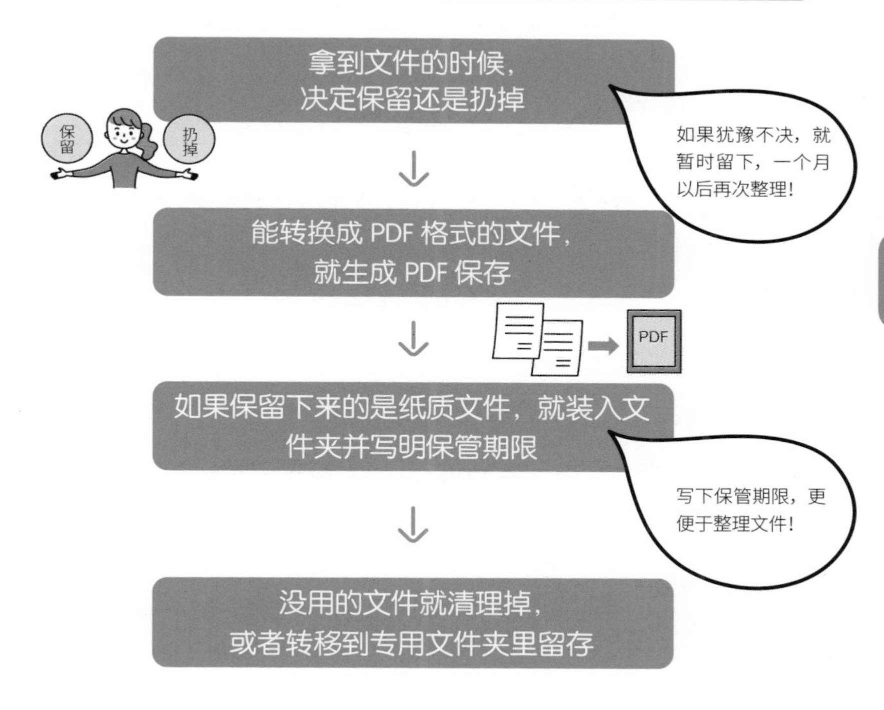

拿到文件的时候，
决定保留还是扔掉
保留
扔掉
如果犹豫不决，就暂时留下，一个月以后再次整理！
能转换成 PDF 格式的文件，
就生成 PDF 保存
PDF
如果保留下来的是纸质文件，就装入文件夹并写明保管期限
写下保管期限，更便于整理文件！
没用的文件就清理掉，
或者转移到专用文件夹里留存

Point

确定保管期限的方法

财务资料和合同相关的资料有法定期限。公司内的共享文件按照公司规定存放。自己管理的文件按照两年左右的期限保管，一年都没翻阅的文件可以扔掉。尽量减少纸质文件。

暂时存放的文件不要放在文件夹里，可以放进牛皮纸袋里，这样更方便整理！

职场女性要充分利用笔记本

打造独一无二的笔记本

记笔记最重要的目的就是避免遗忘信息。当然，也便于记录自己的所思所想，写下来更容易作出正确的判断。把信息集中记录在一个笔记本上，还是一个主题用一个笔记本，可以根据自己的喜好进行选择。

一个笔记本

可以整合所有信息，虽然信息不会散乱，但检索起来很困难。建议一本用完之后，制作一个索引。

两个笔记本

一本用来记录自己的所思所想及其他临时信息，可以随身携带；一本用来规划、总结，可以定期花时间整理。

三个以上笔记本

分不同的主题进行记录，比如工作、个人生活、兴趣爱好等，这样查找信息更方便。

笔记本可以记录的内容

1. 他人的见解
2. 自己的创意
3. 思考感悟
4. 工作安排和方法
5. 工作伙伴的个人信息

Point

写清楚时间、地点！

在笔记本最上方写上标题、日期、地点等，这样更容易回顾内容！

笔记本的主题

例
- 工作和生活中可能会去的店
- 客户以及同事的相关信息
- 工作笔记
- 旅行日志
- 电影、演唱会等观后感悟
- 梦想和目标
- 名言警句
- 待办事项

主题没有固定的规则，按照自己的生活方式，尽情地记录自己想记录的内容吧！

认真挑选笔记本，精美的设计会让人爱不释手！

回顾笔记本内容的2个技巧

技巧❶ 左右两页分开使用

为了方便回顾笔记本的内容，最开始只在笔记本右页记录，左页用来记录回顾感悟和改进措施。

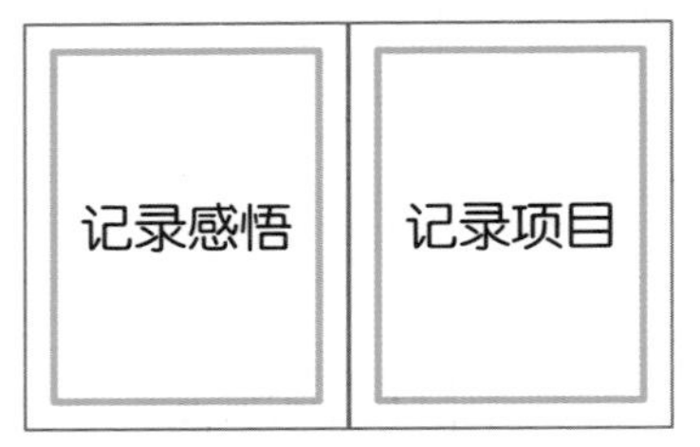

技巧❷ 在笔记本每页的右侧留白

在笔记本每一页的右侧画一条线，留出四分之一的空白。方便之后回顾时补充信息。复盘和反思是非常重要的！

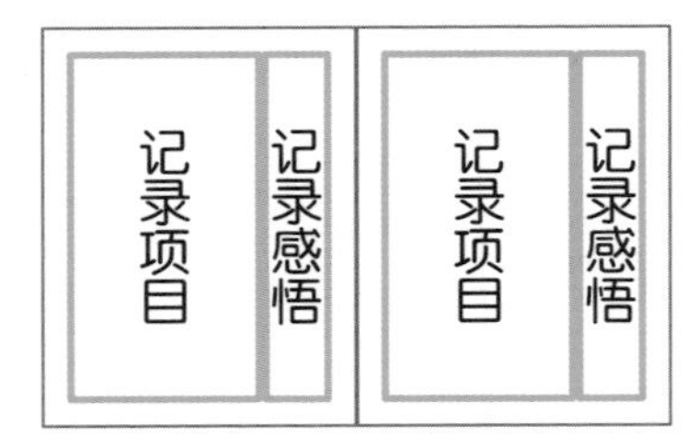

ADVICE

使用贴纸和荧光笔等作标记

记笔记不只是简单地罗列文字，还可以贴上喜爱的贴纸，使用彩笔、荧光笔、印章等。之后回顾时，看到这些标记也会心情愉悦。

活用这些小创意，让记笔记更有趣！

剪贴杂志等内容

把杂志上有用的文章或照片剪下来贴到笔记本上，还可以把网上资料的图片打印出来剪贴进去，信息就更完善了。在这个过程中说不定还会产生新思路哦！

使用符合自己个性的插图或标记，让笔记更简明、易懂！

可以制作一些符合自己独特个性的插图和标记，分情况使用。比如，开心的时候用爱心标记，难过的时候用眼泪标记。

做成时间序列图、饼图等

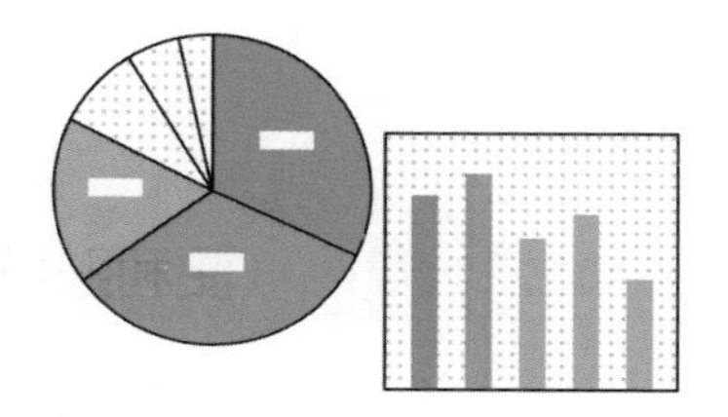

用编号、箭头等表示时间序列或做成图表，这样更方便查阅，也更愿意多次回顾。

Point

这样记笔记不行！

- ✖内容写得过满
- ✖找不到记在哪里
- ✖字迹潦草，完全不想看

 记录自己消极的情绪，也是能够客观看待自己的契机！

巧用便利贴记笔记

使用便利贴记笔记好处多多！

重要事项一目了然！

待办事项不会忘记，
按时完成！

添加和修改也很方便！

工作交接或安排只需要写好后
交给对方即可！

便利贴可以记录的内容

- 会议、会谈时的相关记录
- 必须要记住的东西
- 待办事项
- 留意到的好东西和新想法

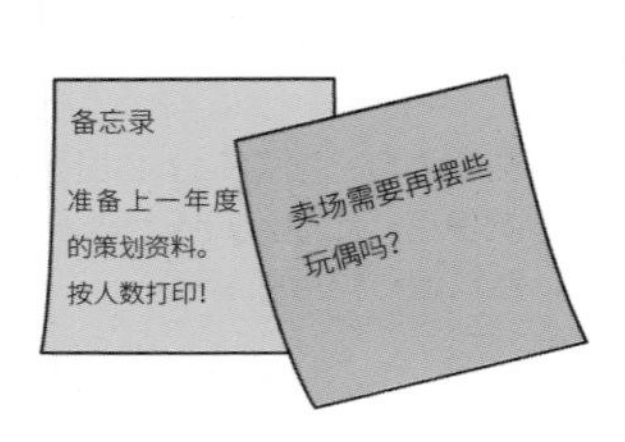

备忘录
准备上一年度
的策划资料。
按人数打印！
卖场需要再摆些
玩偶吗？

ADVICE 准备各式各样的便利贴！

分成不同颜色

根据记录的地点或情景，区分颜色使用，比如领导的指示用粉色，会谈用黄色等。

分成不同大小

准备不同大小的便利贴，根据紧急事项或想强调的事项区分使用。

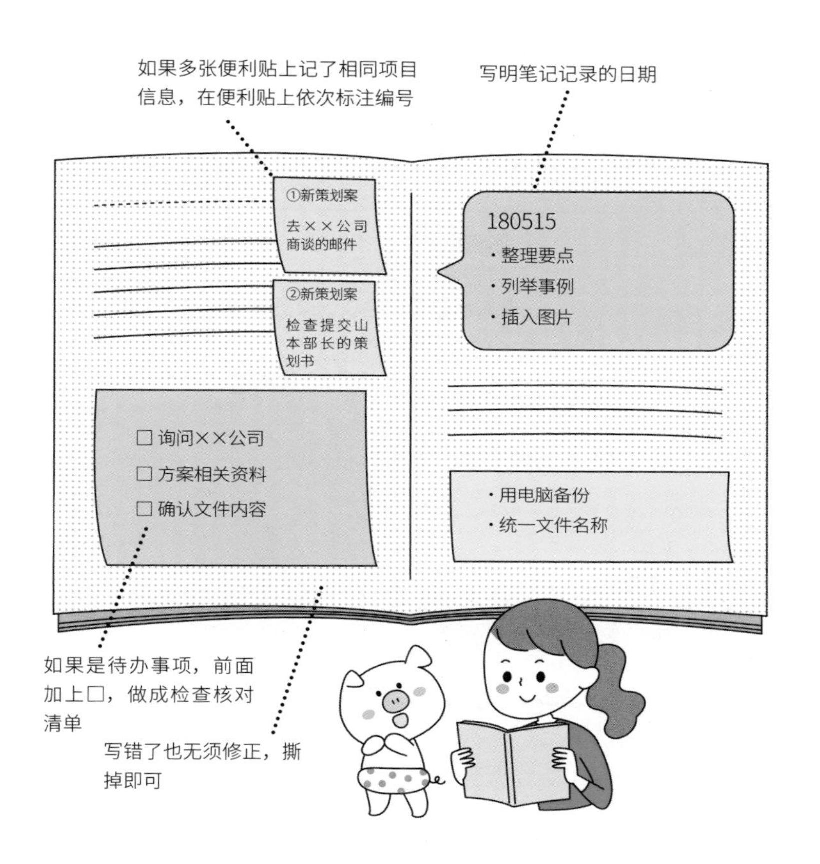
如果多张便利贴上记了相同项目信息，在便利贴上依次标注编号
写明笔记记录的日期
①新策划案
去××公司商谈的邮件
②新策划案
检查提交山本部长的策划书
180515
・整理要点
・列举事例
・插入图片
□询问××公司
□方案相关资料
□确认文件内容
・用电脑备份
・统一文件名称
如果是待办事项，前面加上□，做成检查核对清单
写错了也无须修正，撕掉即可

这样的便利贴会让人心情变好！

市面上有爱心形状、动物形状等各种各样的便利贴。可以准备样式可爱的便利贴，把留言条交给对方的时候，只需撕下来递过去就可以了。

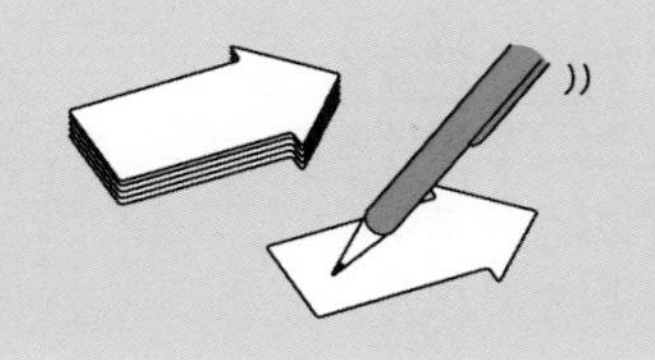

 在便利贴上写待办事项等，完成任务后就撕下来，会特别有成就感。

记笔记使用“5W2H法”

留言记录、会谈记录
灵感记录、资料记录
工作指示记录、会议记录等
MEMO
MEMO
MEMO

把重要信息仅仅记在便利贴上是不行的！
→要整理在笔记本上

把重要信息或新的想法仅仅记在便利贴上是不行的。等过一段时间之后再看，就会不知道自己写的是什么了，一定要整理到笔记本上。

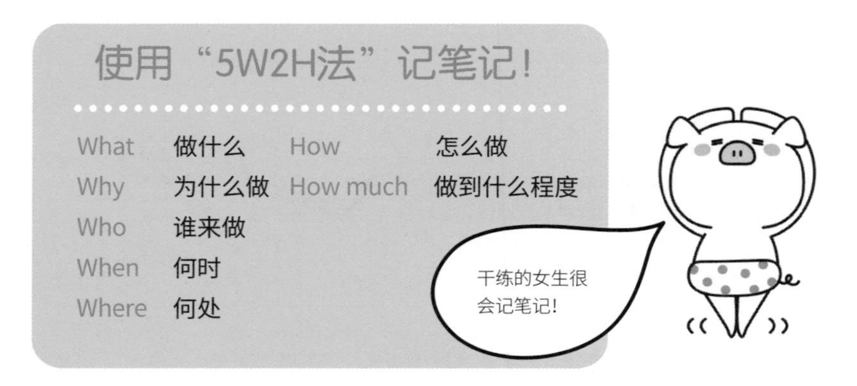

使用“5W2H法”记笔记！
What 做什么
Why 为什么做
Who 谁来做
When 何时
Where 何处
How 怎么做
How much 做到什么程度
干练的女生很会记笔记！

待办事项

3月5日9:30

☐ 预订会议场地

☐ 和 B 公司约会面时间

☐ 17日之前完成策划案

会谈记录

3月5日14:00

・和A公司的山本先生会谈

・内容是关于明年的宣传方案

・预算100万日元

・会谈日期及地点

3月13日10:00 在A公司

Point

利用手机应用，养成勤记笔记的习惯

可以将笔记用平板笔记录在平板电脑上的应用里，突然想到的事项也可以暂时记录在手机上。最重要的是养成勤记笔记的习惯！

的手机应用！

一款可以简单记录、整理、共享信出门在外记笔记也很方便。它能够录音、图像，还可以把手写笔记转换成电子版。

 即使有时觉得是没用的想法，也可能会带来新思路。勤记笔记是非常好的习惯。

稍微花点心思，让沟通更顺畅

心思 1

使用可爱的对话框或插图进行强调

只用文字留言容易给人冷冰冰的感觉。可以画上可爱的插图，或者把内容写在对话框里。这样会给人留下更好的印象，沟通可能也会更顺畅。

放一些小礼物

给对方留言的时候，不露声色地放一些小礼物，比如一包小零食或一袋茶包等。大家都喜欢意料之外的小礼物。

使用有趣的便利贴

可以使用有插画或者照片的便利贴、逗人发笑的搞怪风格便利贴等，这样会给人留下更深刻的印象，更能引起工作繁忙的职场人的注意。

④ 便利贴卷起来贴会更醒目

借了别人东西归还时、送别人礼物时，可以在便利贴上写上文字，并卷起来贴上，以表达自己的谢意。想要不露声色地表达心意，可以试试这种方式。

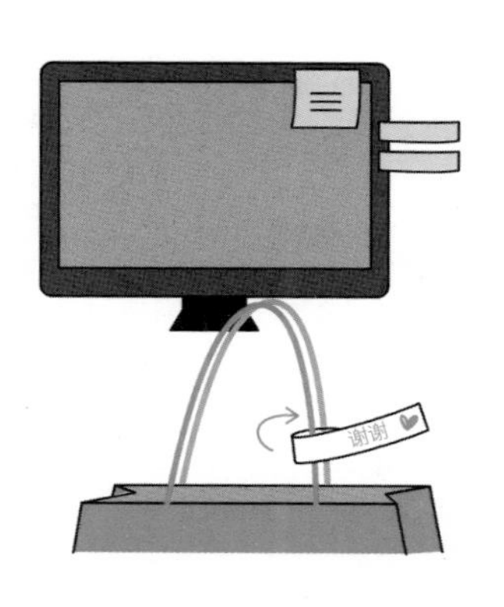

⑤ 制作立体便利贴

把便利贴对折，让它立起来，这样就变成立体的便利贴了，将留言写在立体便利贴上也会更加醒目。也可以选择有卡通图案或动物图案的立体便利贴。即使桌上有很多留言条，立体便利贴上的留言也一定是最醒目的！

Point

把留言条、便利贴、信笺等整理后放进文件夹里

备齐留言条、便利贴、信笺、信封等可能会用到的办公用品。给同事留言，或者需要答谢他人的时候，都可以使用。可以准备一些有季节感的款式，或设计特别的款式，以备不时之需。把这些统一整理装入文件夹里放在办公桌上，能让工作更加高效。

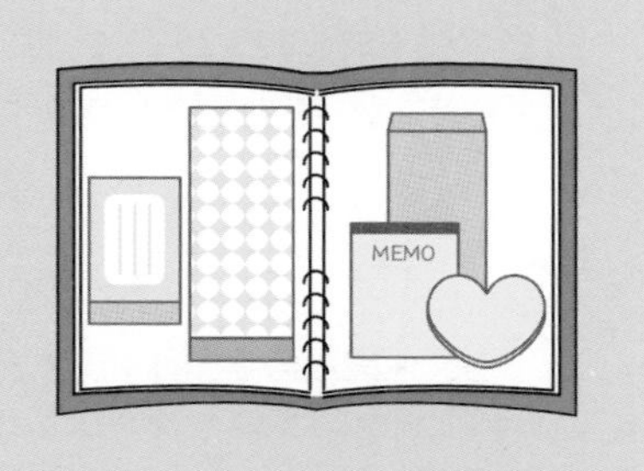

给别人寄送文件的时候，贴上精美的便利贴，对方会更开心！

整理电脑的5个妙招

让电脑运行更快的5个妙招！

1 电脑桌面的图标不多于一列

如果桌面上图标太多，就不容易找到目标文件，电脑启动也会很慢。删除桌面上不常用的图标，将电脑桌面上的图标控制在一列吧。

2 新建临时文件夹

新建“暂时存放”“进行中”等文件夹，方便整理暂时用到的文件。

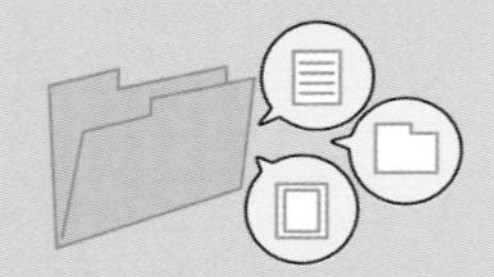

3 将文件备份

为了应对电脑意外故障、操作错误、感染病毒等导致数据丢失的情况，建议把文件和资料备份到移动硬盘或网盘上。

4 按时间顺序整理文件

每年或每月定期整理电脑文件夹，查找文件和资料会方便很多。

5 文件夹的层级不要太多

在文件夹里再建文件夹，就需要花时间打开好几层。文件夹的层级不宜多于三级。

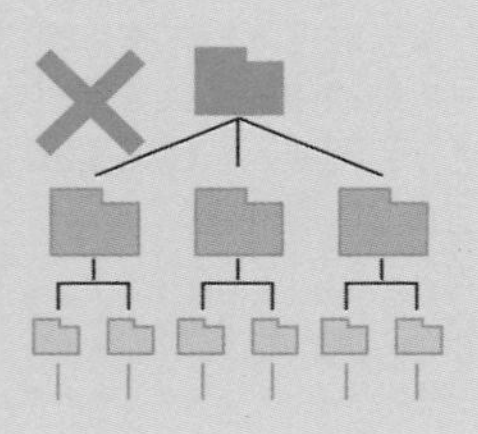

定期更新壁纸
最好每周或每月更换一次壁纸，这样会让工作更有动力。

提升工作动力的2个小创意！

为了提高工作效率，保持劳逸结合很关键。文件的命名要方便检索。还可以新建一个文件夹，放一些积极的文章、喜欢的照片等，帮助自己转换心情。

文件命名要简单易懂，方便检索，看到命名能立刻了解文件内容

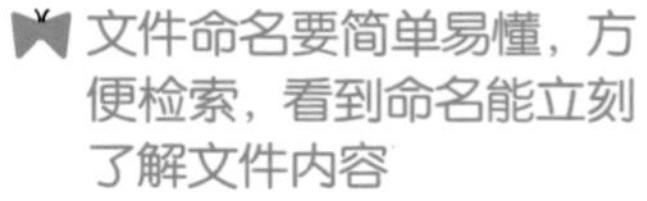

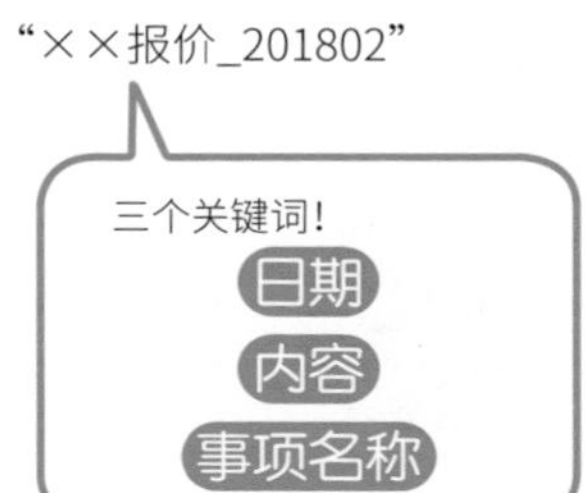

新建一个文件夹，放一些可以转换心情的文章、照片等

整理一下电脑桌面，就能让人神清气爽。

快速操作电脑的技巧

技巧 1 用树状分类法整理文件夹

根据工作内容，把文件分成大、中、小三类，用树状分类法整理文件，就不会因为不知道文件该如何分类而烦恼了。

技巧 2 及时删除桌面上的下载文件

下载完图片、视频等大文件之后一直放在桌面上，会占用C盘内存，影响电脑的运行速度。不用的文件要及时删除。

\技巧/

3 定时整理电脑中的文件

电脑里的文件会随着每天的使用越积越多，要定时整理电脑中的文件，比如每月整理一次。还可以每结束一个项目之后整理一次文件，把整理电脑中的文件当作日常工作的一部分。

使用快捷键操作更简单

记住一些常用的快捷键，可以节省操作电脑的时间，提高工作效率。

操作	Windows	Mac
全选文本	Ctrl + A	Cmd + A
复制文本	Ctrl + C	Cmd + C
剪切文本	Ctrl + X	Cmd + X
粘贴文本	Ctrl + V	Cmd + V
保存文件	Ctrl + S	Cmd + S
打印选项	Ctrl + P	Cmd + P
切换窗口	Alt + Tab	Cmd + Tab
关闭当前页面	Alt + F4	Cmd + Q
截屏	PrintScreen	Shift + Cmd + 3

记住键盘上F1~F12的功能键也很有用！

学会整理邮件，提高工作效率

手动分类邮件和自动分类邮件

1 手动分类邮件

先查看收到的邮件，然后逐一分类到相应的文件夹。把收件箱的邮件全部分类，防止遗漏。

2 设置邮件自动分类

新建不同类别的文件夹，比如工作、电子杂志等，然后设置邮件自动分类。这个功能比较适合每天接收大量邮件的人。

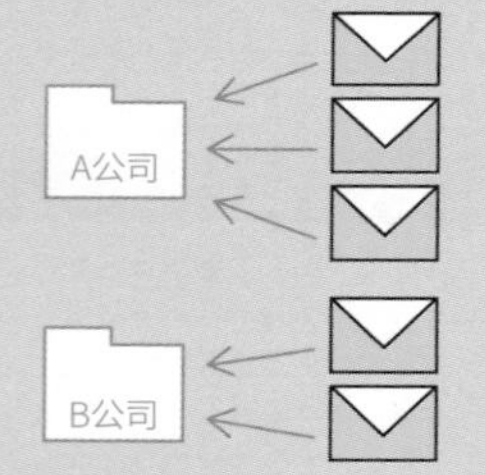

ADVICE

避免出现这些情况！

✕花费大量的时间找邮箱地址
✕邮箱容量满了不清理
✕保留大量的无用邮件

管理邮件的3个技巧

技巧 1 提前设置邮件签名及自动回复

可以提前设置签名及自动回复，不仅能有效节约时间，还能及时回复邮件。

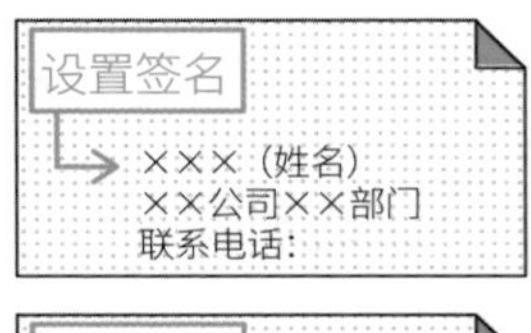

设置签名
×××（姓名）
××公司××部门
联系电话：
自动回复
邮件已收到，确认后给您回复。

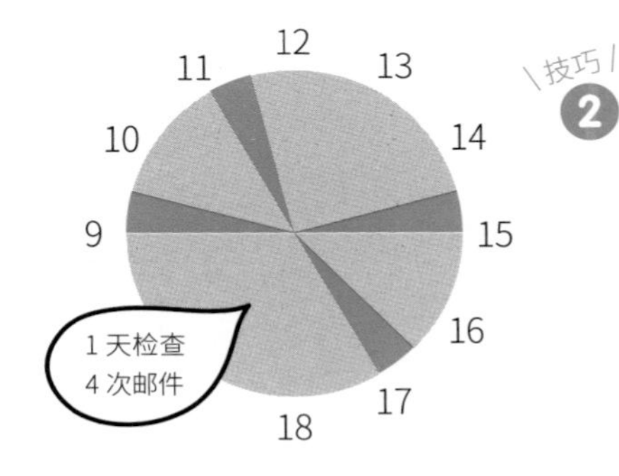

技巧 2 固定检查邮件的时间

如果一天内检查好多次邮件，工作就会不断被打扰。固定几个合适的时间点，比如早上、中午、下班前等，只在这几个时间检查邮件。这样可以确保自己工作时间的完整。

技巧 3 下载邮箱的手机应用，在手机上随时收发邮件

为避免邮件漏处理等情况，在手机上下载邮箱的手机应用，就能在下班或者节假日等非工作时间收发邮件了。

 在24小时以内回复邮件，这是职场的基本礼节。

家居的整理

即使公司的办公桌收拾得干净利落，但家里乱糟糟的，回到家后好心情也会荡然无存！家中应该营造出能让人平静、放松的氛围，物品摆放应井井有条、方便整理。

本章将介绍客厅、厨房、卧室等居住空间的整理要点，先从自己最常使用的房间开始整理吧。

学会整理，让家更舒适

房间里堆满杂物

↓

NG
常常找不到东西
重要的合影被其他物品挡住了
没有放松和休息的空间
地板上到处都是东西
看着堆满杂物的房间，心情放松不下来

身心得不到放松！

下班回家后，看到房间堆满杂物，感觉身体更加疲惫了。东西堆得到处都是，也不知道从哪里开始打扫和整理，身心得不到放松。

♥ 房间干净整洁

↓

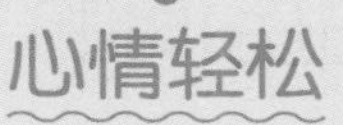
心情轻松

OK
用喜欢的小物件装饰房间
用装饰画等装饰房间
物品放在哪里一清二楚
留出放松和休息的空间
物品放置得井井有条，做家务很轻松

身心得到放松！

如果房间保持干净整洁，下班回家后心情就会很轻松！每天只用5分钟就可以完成整理和扫除，还能留出时间做自己喜欢的事情。家里干净整洁，身心也能得到彻底的放松。

仅仅把塑料瓶等垃圾整理到一起，房间也能立马变清爽！

轻松打扫房间的 6 个方法

轻松完成扫除，打扫卫生和收拾房间不再辛苦！

1 家具尽量少

家具越多，空间就越狭小。如果室内面积小，也可以考虑用靠垫代替沙发，尽量选择小尺寸的家具。

2 选择容易保养的材质

家具和地毯选择耐脏的、容易擦洗的材质。有小缝隙的家具容易积灰，应尽量避免。

3 确定所有物品的位置

只要确定了物品的位置，就能防止物品乱放或丢失。用完物品放回原位，就完成整理了。

打扫工具放在方便拿取的地方

可以在厨房、卫生间、客厅等多处放置打扫工具，一旦发现哪里脏了就能立刻打扫。

选定装饰品的摆放位置

把照片、绿植等装饰品放在不遮挡视线的位置，最好放在从座位一眼就能看到的地方。

不要把物品堆放在地板上

回家后如果把包或购物袋堆放在地上，要记得及时整理。尽量不要在地上堆放物品，这样才能保持房间整洁。

经常邀请朋友来家里做客

有朋友来家里做客，更容易激发自己打扫的积极性，经常邀请朋友来家里做客吧。

如果房间很小，建议选择轻便的手持式吸尘器！

充分利用衣柜的空间

没有充分利用衣柜空间

收纳空间不足

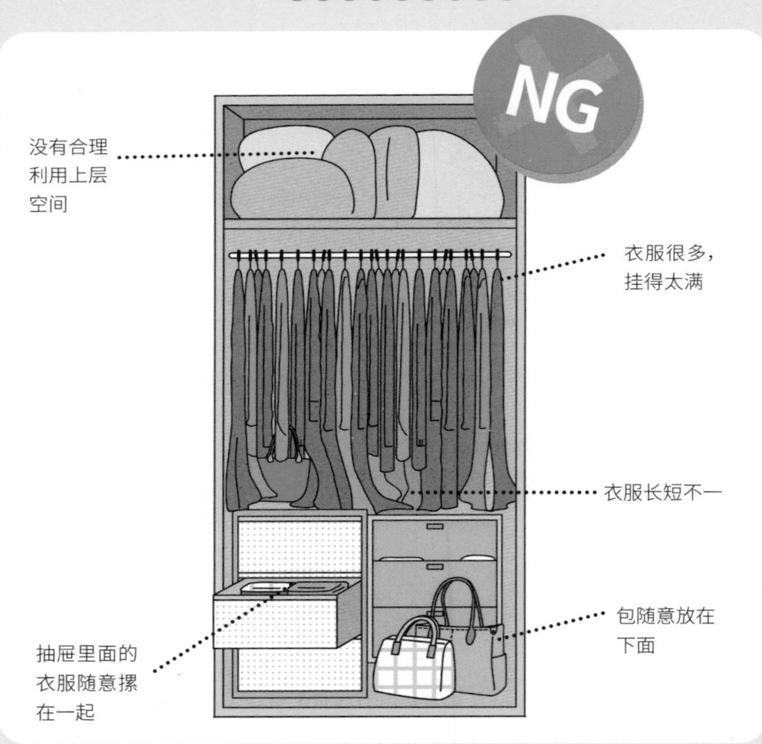
NG
没有合理利用上层空间
衣服很多，挂得太满
衣服长短不一
包随意放在下面
抽屉里面的衣服随意摞在一起

不要把衣物胡乱塞进衣柜

总觉得衣柜空间狭小，又不知道该怎么整理，你需要重新反思一下自己使用衣柜的方式：把不用的物品随手扔在衣柜上层，挂着的衣服长短不一，找衣服很费精力，将衣物塞进衣柜几乎不整理。这些都是不可取的。

♥ 合理利用衣柜空间

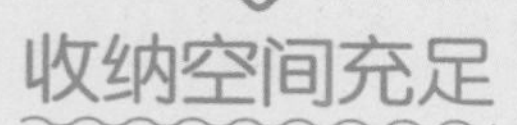

收纳空间充足

平时用不到的物品装进收纳箱里，放在衣柜上层
OK
衣架都是一样的
衣服按长短挂起，整齐划一，有效利用衣柜下面的空间
抽屉里面所有的衣物一目了然
灵活使用收纳箱

好用的小物推荐！

吊式收纳架让物品整整齐齐！

将衣服按长短分类挂起，短衣服下面就能留出收纳的空间。包和帽子等物品不要随意放置，可以放在吊式收纳架里，衣柜会更整洁。

把大件羽绒服和大衣压缩一下再挂在衣架上，会更节省空间！

〈家居 | 4〉

让衣柜变整洁的整理心得

这些衣服果断扔掉

- ☐ 一年以上都没有穿过的衣服
- ☐ 尺寸不合适的衣服
- ☐ 不合时宜的衣服
- ☐ 起球或者开线的衣服

买衣服时考虑和现有衣服能否搭配!

买衣服时考虑搭配

- ☐ 选择百搭的款式
- ☐ 选择经典设计的基础款式
- ☐ 确定每件单品的数量上限

ADVICE

留出空间用来暂时放脱下来的衣服

如果觉得整理脱下来的衣服很麻烦，可以在衣柜里放一个收纳筐，用来暂时放脱下来的衣服。有了这个收纳筐，衣服脱下来就不会随处乱放了。

不同衣服的叠法和收纳法

连衣裙

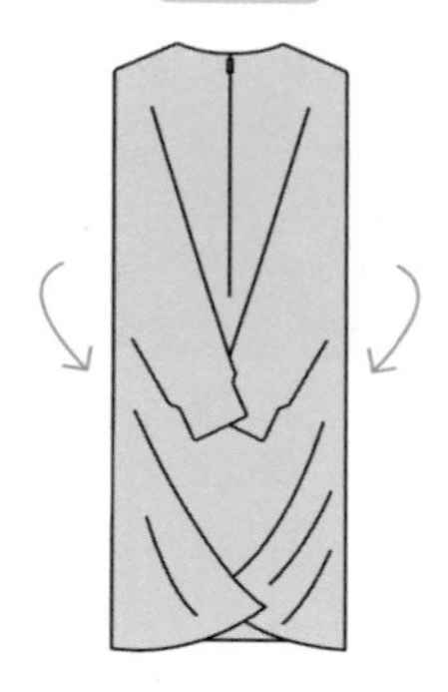

把裙子的袖子、裙摆向内折，再沿着中缝分别左右和上下对折。

衬衫

把衬衫扣子每隔一个扣上，正面朝下放，按照收纳箱的宽度把袖子折起来。

按照收纳箱的深度把衬衫下半部分往上翻折，一般折两下或者三下。

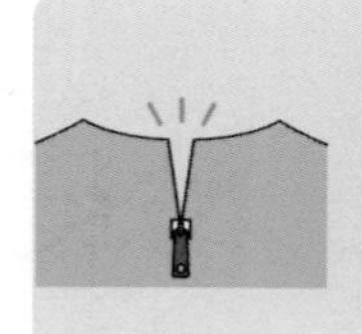

如果扣上扣子或拉上拉链再折叠，裙子很容易产生褶皱。叠之前一定要把扣子或拉链打开。

吊带背心

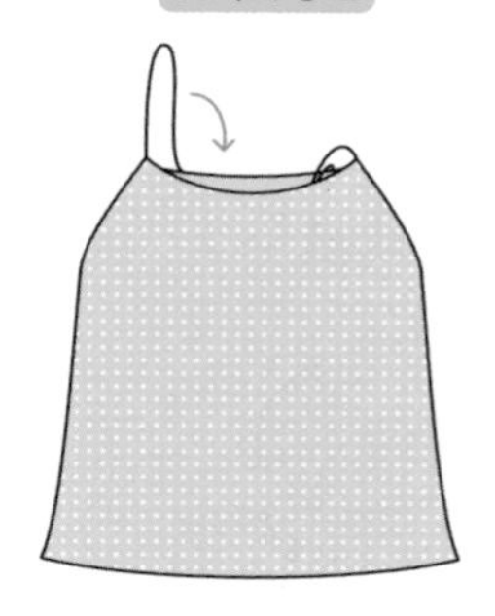

先把吊带折进背心里，变成四边形，然后按照收纳箱的宽窄、长度和深度，把超出的部分向内折。

开襟羊毛衫＆针织衫

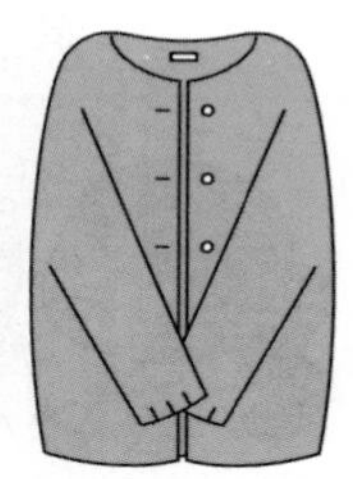

将扣子解开，不要让正面的左右两边重叠在一起。把衣袖向内折，再把衣服下摆往上折两到三下。

如果衣服挺括，可以折叠整齐后竖着放进收纳箱。

连裤袜

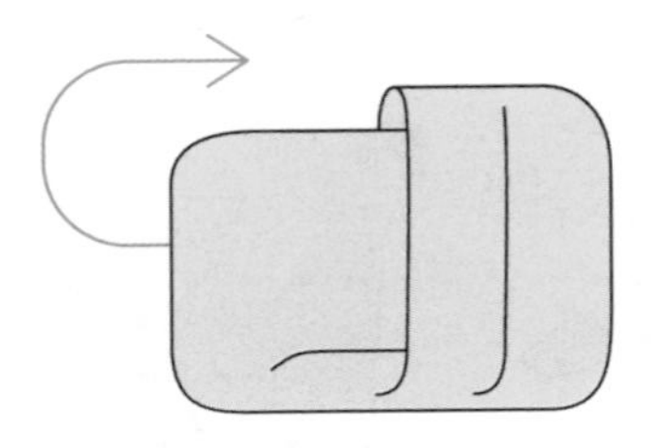

先将连裤袜左右对折，再将对折的连裤袜上下折叠。同时把裤脚翻折到裤腰的松紧带里，整理成一个四方块。

裤子

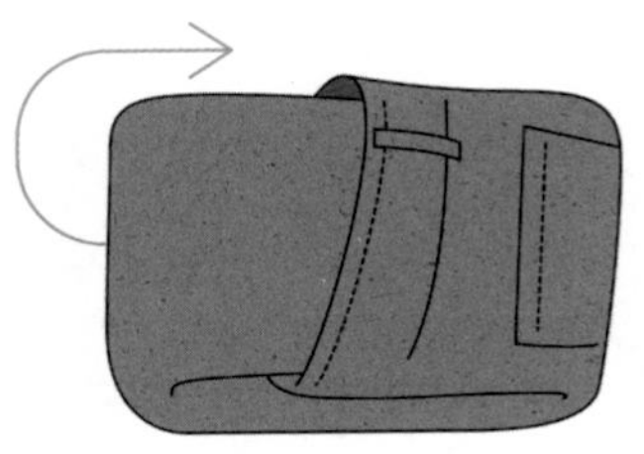

先将裤子左右对折，再将对折的裤子上下折叠。同时将裤脚翻折到裤腰里，整理成一个四方块。

袜子

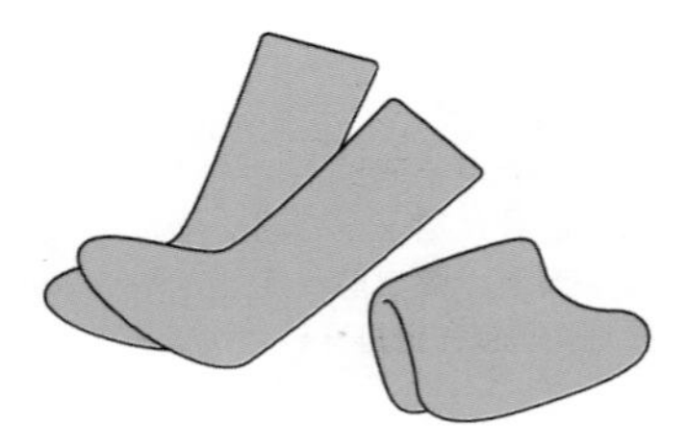

将两只袜子叠在一起，上下对折两次，将折好的袜子竖着放进收纳盒中更方便拿取。

文胸

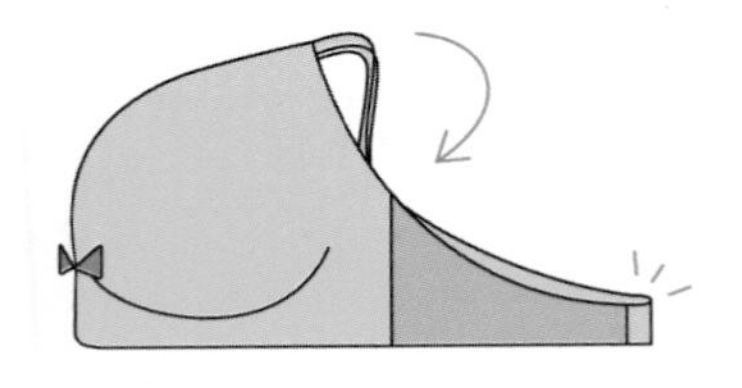

先扣上文胸扣，再把文胸吊带收进罩杯里，然后沿着中间左右对折即可。

帽子

带帽檐的礼帽可以挂在墙上，也是一种装饰。针织帽可以折叠后放入收纳箱。

内裤

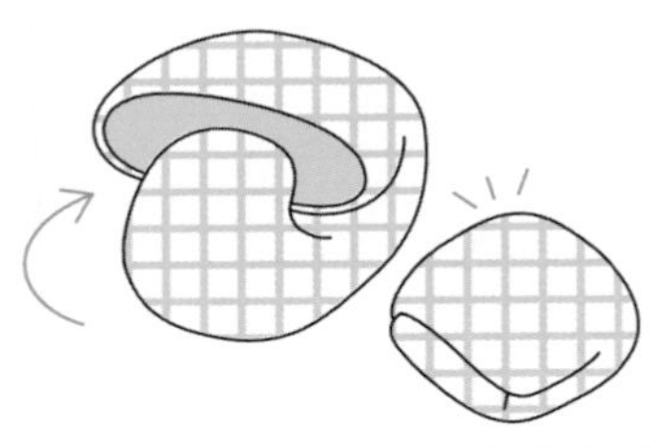

先将内裤左右向内折，然后再把内裤底部折进裤腰里。

小衣物这样收纳！

泳衣

将泳衣放进带拉链的收纳袋里，竖着放进收纳箱中。

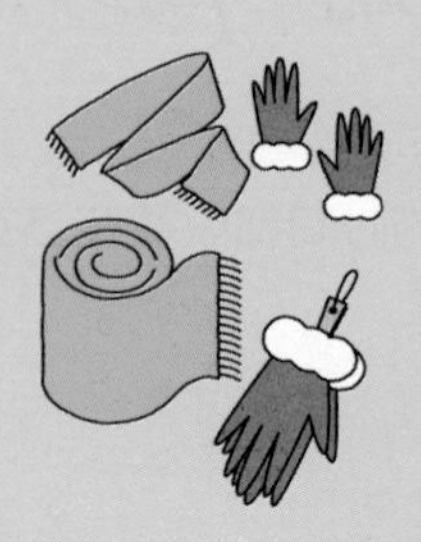

围巾＆手套

将围巾卷成圆柱形，放进收纳箱里。手套可用夹子夹着挂起来。

饰品的收纳

包

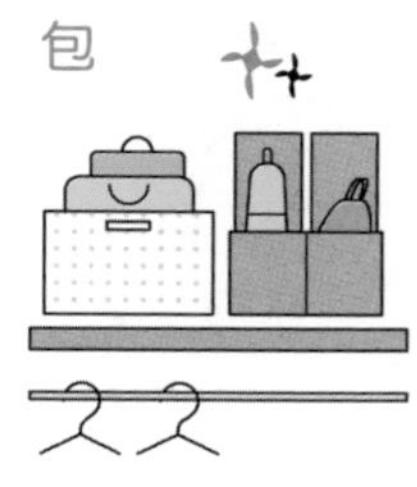

把包放进收纳筐或收纳盒里，然后放在衣柜最上面一层。

项链

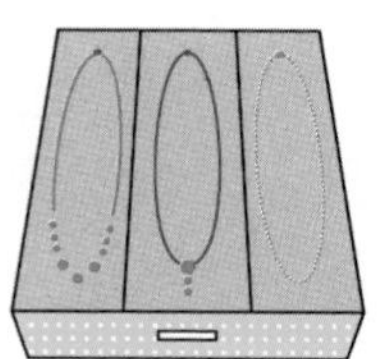

将项链挂在墙上，或者放进带隔层的项链收纳盒里。

丝巾

整齐地叠好丝巾，然后竖着放在收纳盒里。

戒指＆耳环

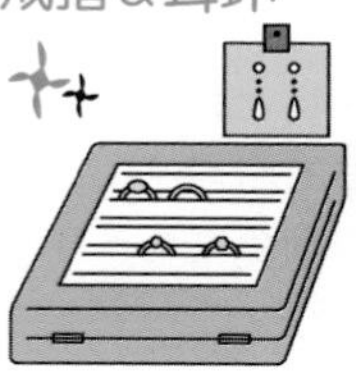

把戒指和耳环挂在墙上或者放进带分格的首饰盒里。

便宜好用的收纳小物都可以派上用场！

提前规划一周穿搭，早晨就能轻松上阵

不要把早晨的时间都浪费在选衣服上，提前整理出一周的穿搭吧。

根据一周的计划，提前规划每日穿搭

为了避免被别人说“总穿同一身衣服”，改变每天的穿搭是很有必要的。当然，每日穿搭也要考虑到场合和礼仪，比如有例会的周一穿西装外套，闺蜜聚会时穿连衣裙等。

Point

通过配饰来变换风格

即使穿同一件衬衣，也可以周一搭配丝巾，周四穿紧身裙配细腰带。搭配不同的配饰，个人风格也会发生改变。

星期四

星期五

休息日

为了避免总是穿同一身衣服，可以把每日穿搭拍照留存。

即使衣服不多，通过配饰和不同穿搭，也能变换多种风格！

买衣服的时候，考虑和现有衣服的搭配。

打造这样的厨房，让做饭成为一种乐趣

常用的厨具挂起来，
方便快速取用
便宜物品买得过多，也会造成厨房杂乱！
调味料放在置物架上，做饭的时候不会手忙脚乱
把平底锅竖着放进文件收纳盒里，锅盖竖着放，用书立隔开
上面的抽屉放常用的物品，下面的柜子放不常用的物品

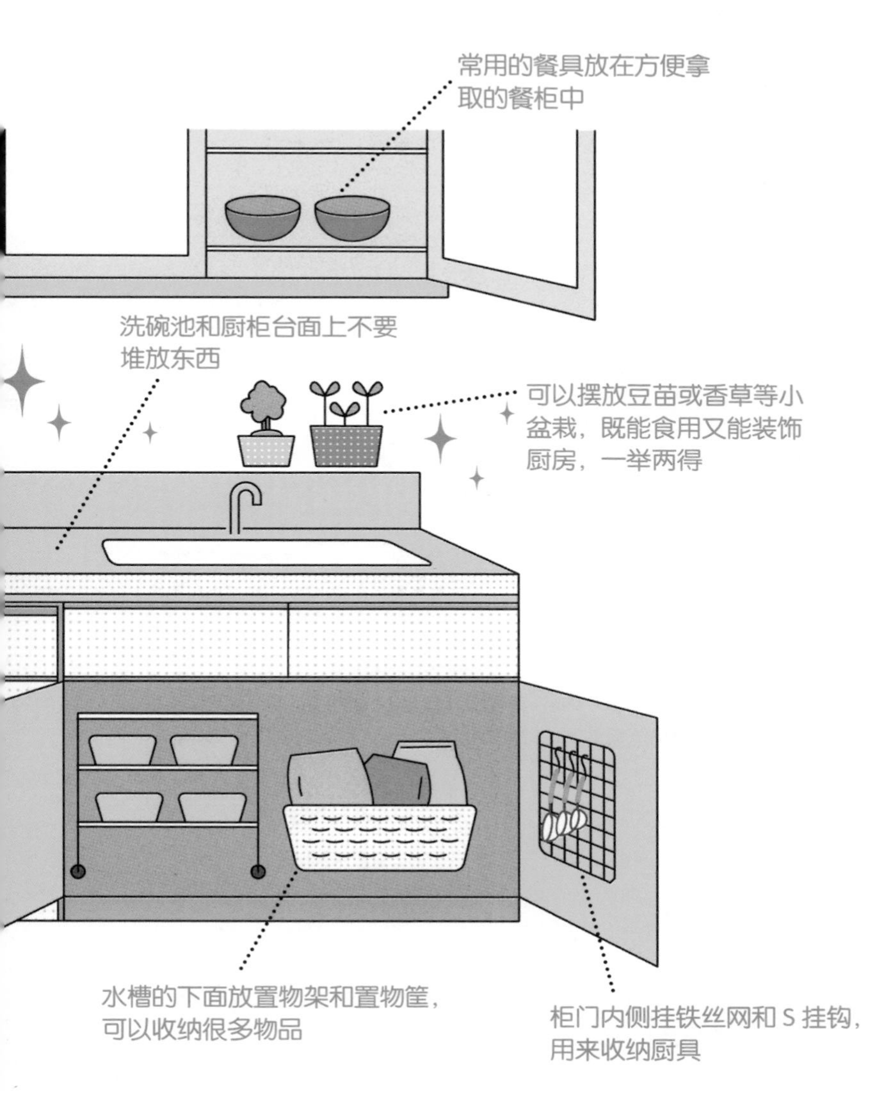
常用的餐具放在方便拿
取的餐柜中
洗碗池和厨柜台面上不要
堆放东西
可以摆放豆苗或香草等小
盆栽，既能食用又能装饰
厨房，一举两得
水槽的下面放置物架和置物筐，
可以收纳很多物品
柜门内侧挂铁丝网和 S 挂钩，
用来收纳厨具

使用水槽下面的柜子时，要把物品放进置物筐里而不是直接放进去，这样打扫和整理的时候会比较轻松！

这样整理，让冰箱干净又清爽

每天都会使用冰箱，不知不觉冰箱里面就堆得杂乱无章。让我们好好整理一下冰箱吧！

1 各类物品放在固定位置

把食材分成不同类别，比如果酱和黄油是搭配面包用的等。把各类物品放在托盘或保鲜盒中，然后放在冰箱的固定位置。

2 使用同一样式的保鲜盒、收纳盒

用统一样式的保鲜盒、收纳盒等收纳，这样会更加整齐美观。

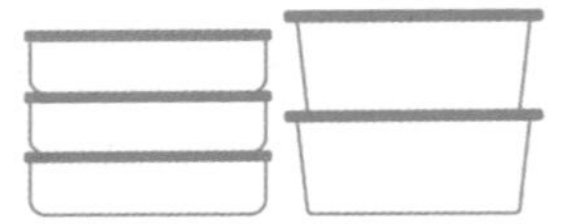

3 按类别分别放在不同区域

冰箱里的东西太多，很容易杂乱，所以要按类别分区域放置，以便拿取。

Point

每月整理一次冰箱，及时扔掉过期的食材

冰箱里有些不常用的果酱、调料等，过了保质期还没及时扔掉。建议每月整理一次冰箱，定期清理过期的食材。

厨房物品收纳小创意

选择款式精美的餐具和锅具

如果餐具和锅具的款式很精美，就可以直接摆放在外面当作装饰，也会让厨房更雅致。

用伸缩杆搭一个厨具支架

架两根伸缩杆，一个结实的支架就搭好了。在空余空间搭上伸缩杆，把厨房空间充分利用起来。

调料装在透明容器里

把不同的调料分别装在款式相同的透明容器里，贴上标签，然后整整齐齐摆在置物架上，瞬间提升厨房的格调。

在墙上贴壁纸和挂钩

在墙上贴上壁纸和挂钩收纳厨具，比如，在壁纸上挂上挂钩收纳汤勺、锅铲等厨具。

固定一块零食区

零食容易在不知不觉中越堆越多。固定一个放零食的地方，如果零食太多，零食区都放不下了，就暂时不要买零食了。

大容量调料瓶放进文件收纳盒里

如果是1000 ml等大容量调料瓶，就放进文件收纳盒里。这样既方便拿取，又不用担心瓶子倒。

超市购物袋和垃圾袋放进纸袋或网兜里，这样会更整洁。

客厅重在宽敞明亮

保持客厅宽敞明亮的 3个整理技巧

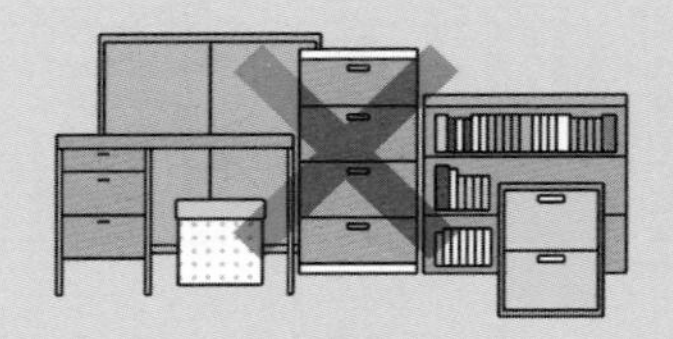

1 家具不宜过多

客厅的家具能少则少，精挑细选出最少的必需品，这是打造宽敞客厅的秘诀。

2 选择低矮家具

如果家具太高，就会有压迫感，客厅也会显得不够宽敞。

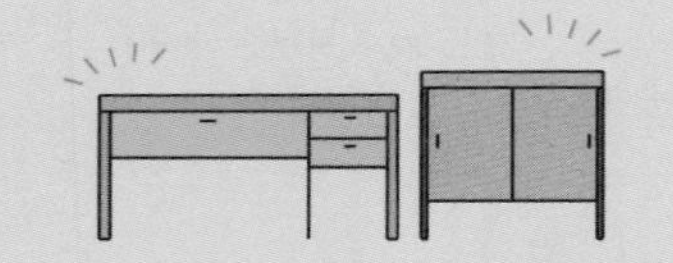

3 家具的材质和颜色要统一

家具的材质和颜色要尽量统一，如果想让房间看起来干净就选择白色家具；如果想要自然氛围就选择实木家具。

ADVICE

把客厅正对着门的墙壁装饰得漂亮一些

客厅正对着门的墙壁上用画或小物品作装饰，可以提升客厅的格调。

用挂饰装饰墙面，
还可以用来收纳
窗帘推荐用明亮的颜色
小物品放进盒子
或柜子里
杂志、报纸放
在固定位置
保证空余的空间
不在地板上堆放物品

好用的小物推荐！

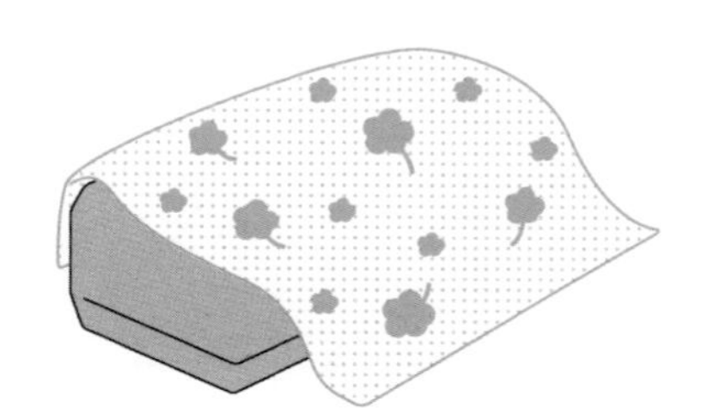

选择适合房间风格的花纹布

把花纹布盖在打印机上，可增加生活气息；盖在沙发上还可以变换家居风格。

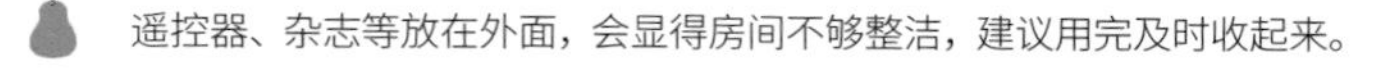

遥控器、杂志等放在外面，会显得房间不够整洁，建议用完及时收起来。

卧室是忙碌一整天后用来休息的空间

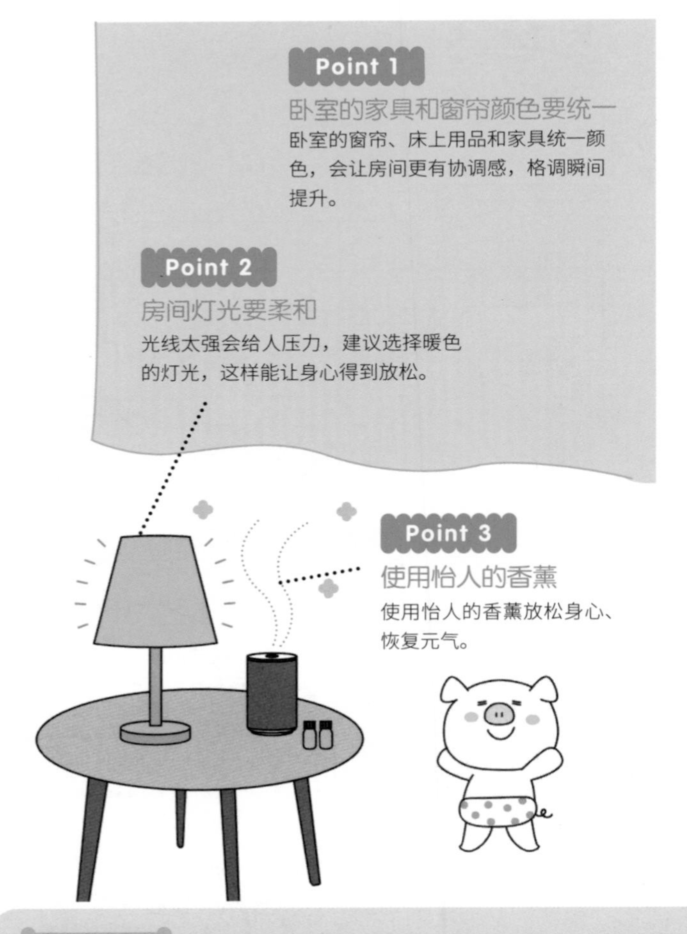

Point 1
卧室的家具和窗帘颜色要统一
卧室的窗帘、床上用品和家具统一颜色，会让房间更有协调感，格调瞬间提升。
Point 2
房间灯光要柔和
光线太强会给人压力，建议选择暖色的灯光，这样能让身心得到放松。
Point 3
使用怡人的香薰
使用怡人的香薰放松身心、恢复元气。

ADVICE

用浅冷色调装饰卧室

蓝色、绿色、浅褐色、米黄色等色调能使人心情舒畅，有助于睡眠；太过浓烈的红色、粉色、紫色、橙色等色调会使人亢奋或产生烦躁感，不利于睡眠。最好用浅冷色调装饰卧室。

Point 4

墙壁装饰宜简约

墙壁的装饰对卧室的舒适度也会有影响，卧室的墙壁装饰宜简约。

Point 5

床头柜上放随身物品

睡前把手机、眼镜等物品放在床头柜上，既安全又方便。

Point 6

被套、床单等床上用品要保持整洁

稍不注意床单就会被汗渍弄脏，要及时清洗，床上用品要时刻保持整洁。

Point 7

有效利用床下的空间

床下的空间可以有效利用起来，比如可以放带滑轮的收纳箱，打扫时也方便拉出来。

 卧室的配色宜选择饱和度较低、偏柔和的颜色，这样更有利于睡眠。

洗漱用品不要随意乱放

放在托盘或收纳篮中

如果把物品随意放在洗漱台或浴缸周围，浴室会显得很乱。可以将常用的洗漱和沐浴用品放进收纳篮里，用的时候很快就能拿出来，非常方便。

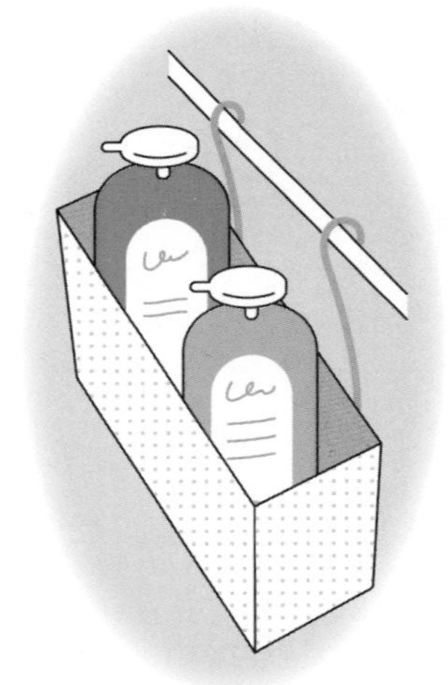

把常用的洗漱用品挂起来

如果想把洗面奶、洗发水等常用的洗漱用品放在外面，建议放进壁挂收纳盒里挂起来。壁挂收纳盒可以将常用的洗漱用品整体移动，也便于打扫。

挂起来收纳还可以防潮！

把洗面奶等洗漱用品放进壁挂收纳盒，不要直接放在洗漱台上。这样可以防止水渍和发霉。

保持洗漱台整洁的 5个技巧

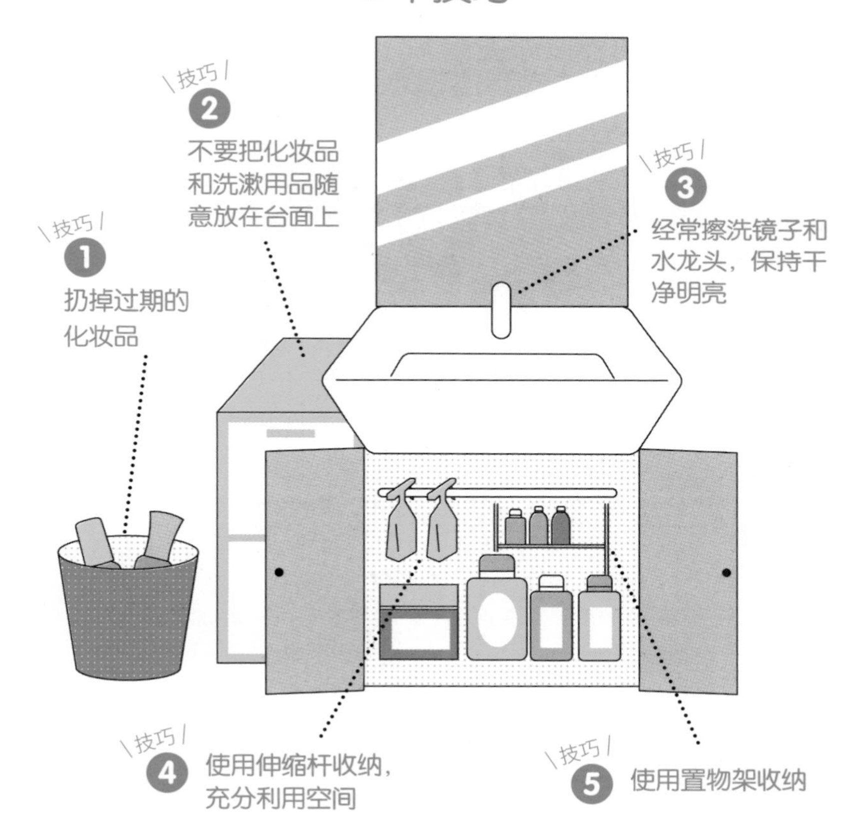
技巧
2
不要把化妆品和洗漱用品随意放在台面上
技巧
3
经常擦洗镜子和水龙头，保持干净明亮
技巧
1
扔掉过期的化妆品
技巧
4
使用伸缩杆收纳，充分利用空间
技巧
5
使用置物架收纳

让洗漱间方便打扫

如果洗漱台堆满杂物就会因为挪动物品很费事而懒得打扫卫生，因此想要保持洗漱间干净整洁，需要让洗漱间方便打扫。

Point

在水池边放一盆绿植会显得更干净。

如果镜子后面或墙角处有隐藏的收纳柜，可以把不便收纳的小物品放进去。

化妆品一年内用完

化妆水
不含防腐剂的化妆水以及含有机成分的化妆水容易变质。

假睫毛
粘上假睫毛后，用酒精把棉棒浸湿，擦拭连接部位进行消毒除菌。

口红、唇彩
如果用口红直接涂嘴唇，可以在每次用之前拿纸巾轻擦一下口红，这样更卫生。

眼影
用手指蘸取眼影容易滋生细菌，尤其要注意眼影的保质期。

粉扑、海绵
粉扑、海绵要每周清洗一次，并完全晾干。失去弹性后就要换新。

化妆刷
每次用完化妆刷，要用纸巾擦干净。半年清洗一次即可。

护手霜
如果护手霜出现成分分离、颜色和香味有变化等情况，就不要用了！

腮红
膏状腮红比粉状腮红更容易变质，这点需要注意。

ADVICE

化妆品开封一年内没用完要扔掉
化妆品的使用期限基本上是没有开封的可保存三年；已经开封的可保存三个月到一年。开封一年以上的化妆品，即使还没用完也要扔掉。

保持化妆的地方整洁、美观，没有化妆台也可以！

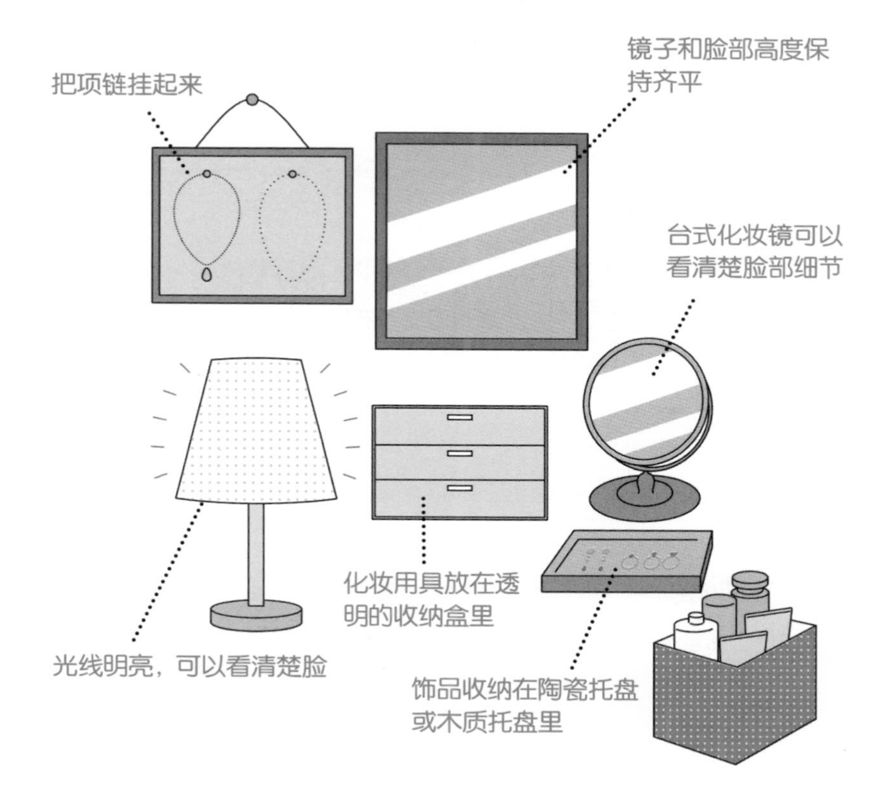

把项链挂起来
镜子和脸部高度保持齐平
台式化妆镜可以看清楚脸部细节
化妆用具放在透明的收纳盒里
光线明亮，可以看清楚脸
饰品收纳在陶瓷托盘或木质托盘里

化妆的地方要整洁、美观

即使没有专门的化妆台，也能完成化妆。最重要的是要把化妆的地方整理得整洁、美观。如果化妆镜和化妆用具都脏兮兮的，是无法化出好看的妆容的！

没用完的化妆水可以倒入浴缸里，代替浴盐等入浴剂。

把卫生间布置得雅致一些

每天都要使用卫生间，更应该让卫生间时刻保持干净。把卫生间布置得雅致一些，这样每次使用时也会心情愉悦。

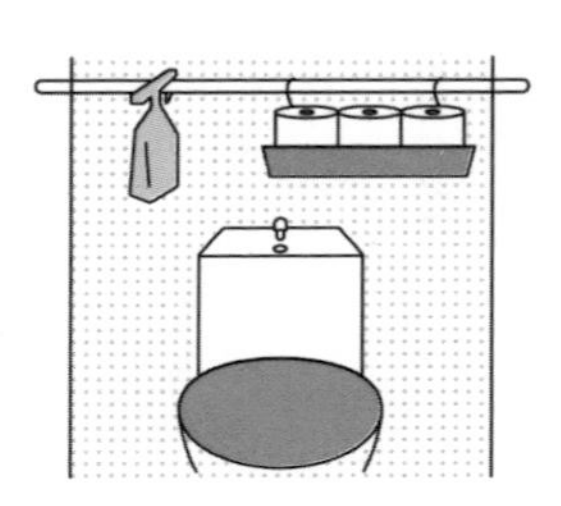

利用伸缩杆和挂钩

把小物品挂在伸缩杆上面，地面上的空间就腾出来了。多利用挂钩、壁挂收纳盒等，既能节省空间，又能装饰卫生间。

打扫工具也要选择有设计感的

如果马桶刷等打扫工具设计精美，就可以放在明显的位置当作装饰，打扫卫生时也会愉快许多。

ADVICE

果断放弃吸水垫、地垫和马桶坐垫！

吸水垫和马桶坐垫很容易有污渍，清洗起来也很麻烦，不建议使用。另外，地垫也没必要使用，有污渍用纸巾擦干净即可，打扫卫生也很轻松。

打造时尚玄关的 3 个技巧

☑ 用画和装饰品打造自己的风格

玄关是一进门最先映入眼帘的地方，风格以简约大方为宜，可以用自己喜爱的装饰画和装饰品进行整体布局。

☑ 放置一个全身镜

玄关容易给人狭窄逼仄的感觉，最好在玄关处放置一块全身镜，这样有空间延伸的视觉效果。出门前还能检查仪容仪表，非常实用。

☑ 用假绿植和干花装饰

比起鲜花，素净的假绿植和干花更方便打理，也能营造出的简洁、协调的美感。

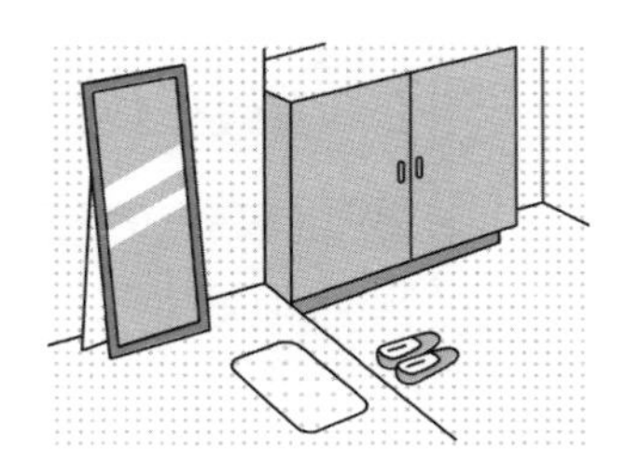

鞋子的收纳

使用伸缩杆，收纳空间加倍

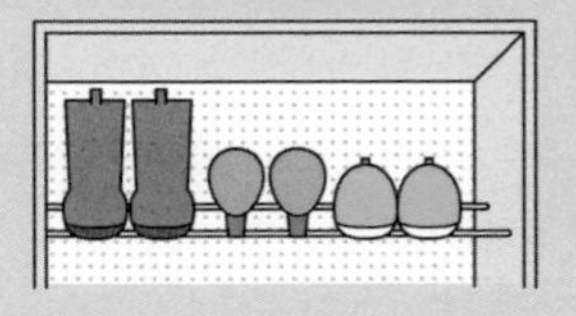

如果鞋柜的上层还有空间，可以架起伸缩杆，把鞋子放在上面。

平底鞋竖着放在收纳篮里

可以将平底鞋竖着放在收纳篮里，充分节省空间。

如果在玄关处放伞，伞的数量应控制在一人一把，多余的伞可以在雨天送给需要的人。

把书架当作装饰

不知不觉中书和杂志越积越多，房间因此变得乱糟糟的，要时常整理书和杂志，也可以充分利用书架，把它当作房间内的装饰。

不积攒书的 3 条法则

1 固定放书的空间

固定放书的空间，每当书太多放不下的时候，就稍作整理，把数量控制在固定空间能容纳的范围内。

2 用手机应用阅读书籍和杂志

用手机应用阅读书籍和杂志，能节省不少空间。这样家里也不会堆积很多书和杂志了。

3 选择带展示架的书柜

书不仅可以用来阅读，将封面漂亮的书放在带展示架的书柜中，不失为美观的室内装饰。

书架的整理方法

先把全部的书从书架上拿下来

进行分类

想一直保留的书

筛选出自己想要一直保留的书，比如自己非常喜欢的作家的书、有特殊意义的书等。

→ 

暂时保留的书

暂时保留的书指的是想读还没读完的书，或者是可能会再读一遍的书等。

→ 

一直没读的书

一本书如果买了一直都没读，之后也不太可能会读，就果断处理掉。

↗ 

↘ 之后不读的书就处理掉

不读的书

除了送人或扔掉以外，还可以通过二手书店、网上拍卖、废品回收等方式处理掉。

→ 

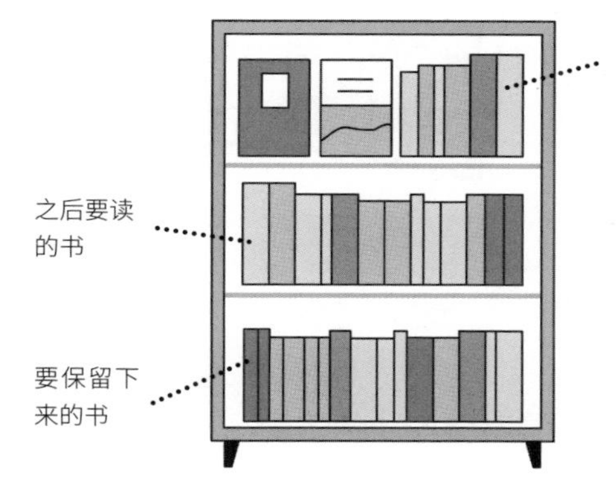

将书分类别整理到书架上，便于以后整理

将书分类别整理到书架上，之后只要购买一本新书，就从书架中选一本书处理掉。

整理书架的时候，如果舍不得处理掉不想读的书，就告诉自己以后想读的时候再买。

整理照片的4个技巧

技巧 ❶ 用手机应用整理照片

用手机拍照很便捷，但也容易积攒很多照片，占用手机内存。有些手机应用能把拍下来的照片自动保存到云端服务器上，使用这类手机应用拍照能释放手机内存。

利用云端服务器保存数据

把照片保存到百度网盘或iCloud等云端服务器上，即使手机出现故障，照片也能保存完好。

技巧 ❷ 每年整理一次照片，打印出来放到相册里

即使经常整理照片，还是会越积越多。可以每年整理一次，把整理好的照片打印出来放到相册里。

ADVICE

照片不要拍得太多，每次拍完照要及时清理，只留存拍得特别好的照片。

技巧3 每年把电脑上的照片备份到移动硬盘里

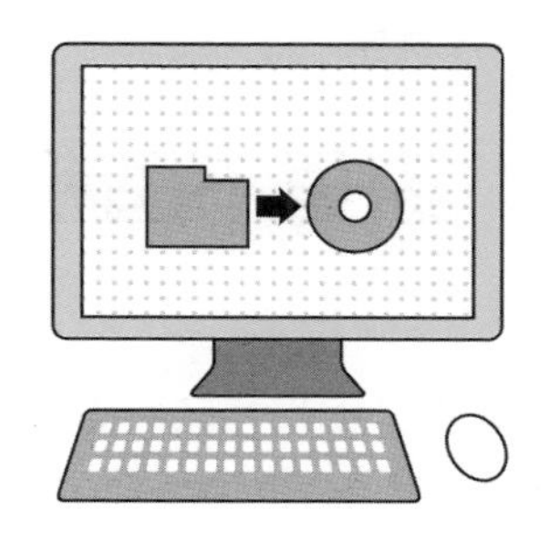

如果只把照片保存在电脑里，万一电脑出现故障，有可能丢失重要的照片。每年把重要的照片备份到移动硬盘里，就更放心了。

技巧4 旧照片也可以整理成电子版

抽屉里有很多旧照片，如果都放进相册里肯定放不下，但又不能扔掉，那就把这些照片做成电子版吧。可以找专业人士帮忙，也可以用一些手机应用自己整理。

CD的整理

把CD放进CD档案册里，非常方便！

CD全都带盒保存太占地方了，建议放进CD档案册或者CD收纳包集中收纳。在CD外侧贴上标签，标注CD里面存储的照片信息，想要回顾的时候很快就能找到。

可以按时间顺序将照片整理到相册里。

家里不囤积纸质文件的 6 个方法

纸质文件囤积多了，整理起来会非常麻烦。养成整理的习惯，及时处理不要的文件。

1 在玄关放一个垃圾桶，及时扔掉广告单

带回家的广告单很容易随手放在玄关处。可以在玄关放一个垃圾桶，不要的广告单及时扔掉。

2 拒绝无用的广告杂志

广告杂志虽然不看，却习惯性一直预订。建议取消预订不用的广告杂志。

3 不要堆积太多邮件

收到邮件应及时整理，也可以定期利用空闲时间统一整理。邮件堆积太多整理起来会很麻烦，不需要的要尽早处理。

只要把文件分类整理，找文件的时候就很轻松！

文件夹上贴标签

把文件随意放进文件夹里，有时候会不知道里面装着什么，找文件会很费时间。在文件夹上贴标签便于查找文件。

4 将文件放进收纳挂袋里

暂时不用的文件可以先放在收纳挂袋里，随时都能看到，也能防止丢失或者遗忘。

5 重要文件放进透明文件夹里

合同、简历等重要的文件放在透明文件夹里保存，以免弄脏或破损。

6 家电说明书等放进立式文件盒里保存

说明书积攒多了也很占地方，可以分成家电、电脑等不同类别，放进立式文件盒保存，需要用的时候可以快速取出。

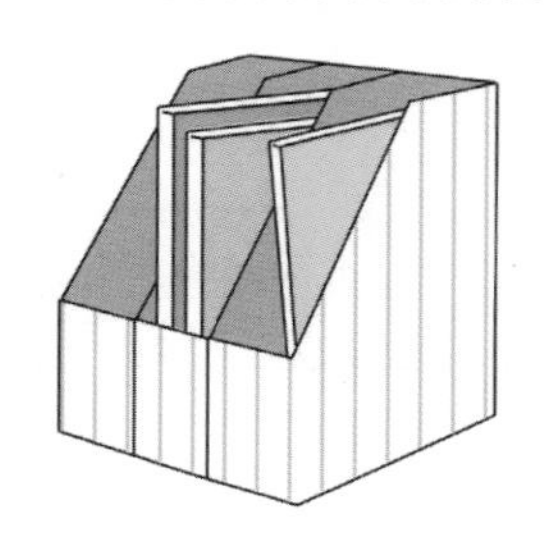

处理旧家电时，说明书也要及时处理。

摆脱“舍不得扔”的想法

想要让家里保持干净整洁，最有效的办法就是减少物品。不用的物品果断扔掉！

不用的物品果断扔掉的好处

❶ 心情更舒畅

房间乱糟糟的，东西堆得到处都是，心情也会随之烦躁不安。房间整洁明亮，就会心情舒畅、神清气爽。

❷ 节省更多时间

物品归置得整洁有序，就不用翻箱倒柜找东西了。打扫卫生也很轻松，能节省更多时间。

❸ 减少不必要的支出

不会总是花钱买同样的东西，可以减少不必要的支出。

❹ 更加珍惜心爱的物品

处理掉不用的零碎物品，只留下自己心爱的物品。这样会更懂得珍惜。

❺ 扩展生活空间

物品减少了，房间会变得更加宽敞。在宽敞的房间里不仅心情更轻松，还能有更大空间做自己喜欢的事。

ADVICE

这片空间价值多少？

生活空间也是你花钱买来的。如果无用物品占了一平方米，换算成房租和房贷，浪费了多少钱呢？试着计算一下吧！

扔掉东西，也是扔掉执念！

尝试扔掉不必要的物品

尝试把不必要的物品扔掉吧，你会发现生活中积攒了很多用不到的物品。

1 确定要整理的区域

整理前先确定要整理的区域，比如今天决定整理书架，就只整理书架，避免一会儿整理书架一会儿整理厨房。最好一次只整理一部分区域。

整理要有耐心！

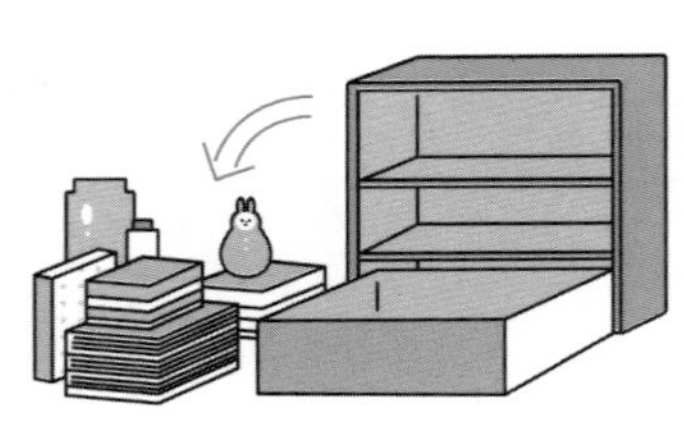

2 把全部物品拿出来一一整理

把全部物品拿出来一一整理，对所有的物品有一个整体的把握，这样更便于分类整理，及时处理用不到的东西。

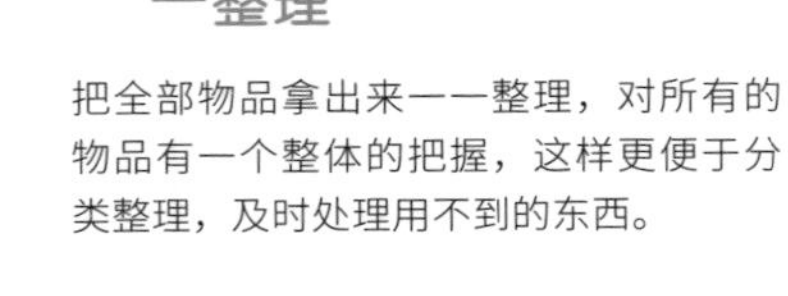

Point

不要对自己说“还能穿”“还能用”，而是思考“还穿吗”“还用吗”。

要保留的物品

用不到又舍不得扔的物品

要扔掉的物品

3 把物品分成三类

把物品分成三类：要保留的物品、要扔掉的物品、用不到又舍不得扔的物品。

4 用不到又舍不得扔的物品一个月后重新考虑

用不到又舍不得扔的物品不必立刻做决定，先全部整理到一起，一个月后再重新考虑该保留还是该扔掉。

5 每隔半年到一年重新整理一次

之前觉得有用的物品，过了一段时间后可能用不到了，可以每隔半年到一年重新整理一次。

ADVICE

把“凑合着用”的物品换成自己喜欢的款式！

购买自己喜欢的款式，替换掉“凑合着用”的物品。把所用物品全部换成适合自己风格和偏好的款式，就离理想中的居住环境又近了一步。

为避免整理物品或收拾房间半途而废，要在限定的时间内速战速决。

难以舍弃的物品，该怎么处理

有些物品虽然用不到了，但也舍不得扔掉，这样的物品应该怎么处理呢？

幼时的玩偶

→不想舍弃，不妨保留

从幼时开始一直陪伴自己的玩偶，长大后虽然用不到了，但舍不得扔掉。既然如此，那不妨保留下来，作为纪念。

小时候的绘画和奖状

→筛选后只保留一部分

只保留最有纪念意义的绘画和奖状，其余的拍照保留后就处理掉。拍照留存更节省空间，还能留下回忆。

护身符等

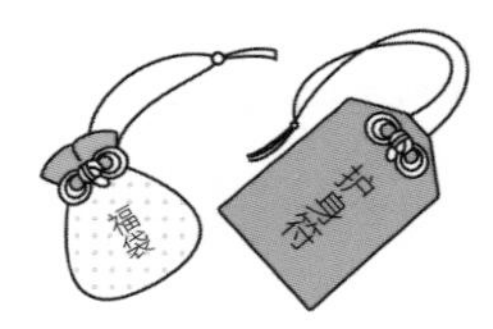

→返还到寺庙

一般来说在哪里买的就归还到哪里，如果路途较远不方便返还，可以送到就近的寺庙。

别人赠送的礼物

→用不到就果断处理掉

出于情理留着用不到的物品只会造成心理负担，对方的心意已经收到了，用不到的物品就果断处理掉吧。

收藏品

→卖掉会很值钱吗？

有些收藏品很有价值，不要直接扔掉，可以拍卖或卖给二手店。

新款、昂贵的物品

→用一用再做判断

如果因为物品款式新或价格昂贵舍不得扔掉，就先用一用再做判断。即使是新款或昂贵的物品，如果用不到，也要果断处理掉，避免放在家中闲置。

新款、昂贵的物品，自己用不到可以赠送给亲戚、朋友或者有需要的人。

卖掉不用的物品

整理之后还有用不到的物品，先别急着扔掉，可以当二手物品卖掉！

二手店

把想卖的物品送到二手店即可。有些二手店还可以提供邮寄回收和上门回收的服务。

◎ 优点

- 只需要送到二手店即可
- 整理后可以一并处理掉

× 缺点

- 无法自己决定价格

跳蚤市场

用不到的物品可以拿到跳蚤市场去摆摊售卖，还可以享受参加活动的乐趣。

◎ 优点

- 可以和买家直接对话
- 参加活动很有趣

× 缺点

- 可能需要出摊费
- 出摊和收摊很费事

网上拍卖

上传商品照片，确定起拍价格、交易方式、加价幅度、拍卖时间等信息，最后确认发布即可。

◎ 优点

・稀有品和收藏品可能会卖出高价

× 缺点

・可能需要手续费
・需要自己打包、邮寄

二手平台

二手平台和拍卖不同，价格可以由自己设定。可以和买家协商价格和寄送方式。

◎ 优点

・价格可以自己设定
・操作简单，新手也可以上传商品

× 缺点

・可能需要手续费
・需要自己打包、邮寄

看看店内是否有以旧换新服务！

有些店提供以旧换新的服务，比如购买新商品时用旧商品抵扣一部分金额等。

 还能使用的物品，不仅可以卖掉、扔掉，还可以捐赠！

第6章

时间和身体的管理

一天24小时，有些人能高效地完成工作，给自己留出足够的时间休息和恢复体力，所以总是从容不迫。有些人却忙到焦头烂额，这也许是因为对时间的管理各有差别。明白对自己来说最重要的事是什么，准确把握工作和人际关系中的轻重缓急，就能从压力中解放出来，自己的身体和情绪还是要靠自己去调整。

做好时间规划，每天都轻松愉悦

没有时间规划
↓
生活一团乱

生活不规律，陷入恶性循环！

晚上经常熬夜，早上起不来，睡眠不足导致不能集中注意力工作，所以工作总是做不完、没有个人时间……你是不是也陷入了这样的恶性循环？如果这样混乱的生活继续下去，需要处理的事情就会越来越多，压力也会越来越大。

做好时间规划

↓

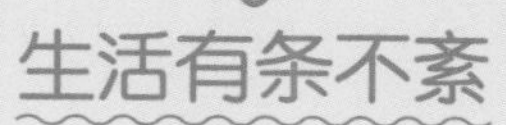
生活有条不紊

留出时间，悠闲地喝杯茶
OK
有效利用早上的时间
睡眠充足，精力充沛
劳逸结合，张弛有度

做好时间规划身心更轻松！

晚上睡眠充足，早上就能按时起床，还能留出时间泡杯茶，享受悠闲慢饮的时光。内心从容，工作的时候更加专注、高效，休息时间也能得到保证。

 即使是控制30分钟不看手机，也很有意义！

早晨、白天、晚上的时间管理

合理规划早晨、白天、晚上的时间，从容不迫地度过有意义的每一天。

TO DO
早晨
心情愉快、
从容不迫
□ 听一听喜欢的音乐
□ 想一想今天的待办事项
□ 喝一杯温水
□ 做一些舒缓的拉伸
□ 吃一顿丰盛的早餐
□ 用 5 分钟打扫餐桌

白天
做好计划，优先处理重要的工作
处理邮件
确定下班前要完成的事项
优先处理重要的工作
工作间隙喝杯咖啡休息一下
TODO
晚上
晚上留出时间，规划明天的工作事宜
梳理今天的工作内容
规划明天的工作事宜
留出看电视、看手机的时间
到睡觉时间，不困也要上床

晚上如何度过，对第二天早晨有很大影响。

5分钟之内可以完成的事情

先把想做的事列一个清单！

这些事情可以在5分钟内做完！

- 发呆（放空）
- 打扫卫生、整理房间
- 给植物浇水
- 做拉伸运动
- 翻阅手账记录的内容
- 回复邮件

劳逸结合的 3 个技巧

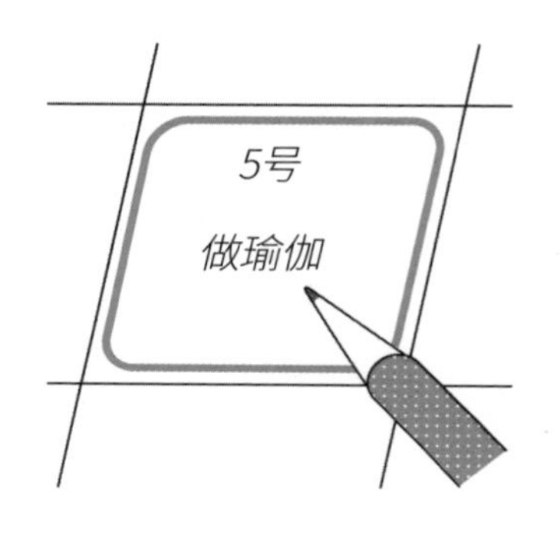

❶ 个人时间要提前做好规划

个人时间是用来放松身心的，要提前做好规划。劳逸结合，工作积极性也会随之提高。

❷ 每天做一件自己喜欢的事

每天做一件自己喜欢的事。不管做什么事，哪怕时间很短也没关系。比如看喜欢的演员的综艺节目，研磨咖啡豆，做美甲等。

❸ 花时间提升自我

花时间专注在自己的梦想和目标上，激发自己的上进心，比如考证、学外语等。多小的目标都可以，最重要的是确立一个目标，并让目标得以实现。

感觉很累的时候，就什么都不做，静静地放空自己。

停止浪费时间，时间就会更宽裕

1 做决定的时间

人生经常面临选择，要相信自己的直觉，果断做决定。

2 熬夜的时间

熬夜百害而无一利。每天确保充足的睡眠，第二天就能神清气爽，高效地投入学习或工作。

3 看手机、看电视的时间

看手机、看电视的时间过得很快，最好给自己规定时间，时间一到就果断停止。

Point

如果想要更多可以自由支配的时间

利用家电做家务

用洗碗机洗碗、用扫地机器人打扫卫生，巧妙地利用家电可以缩短做家务的时间。

偶尔缺席一次应酬

身在职场，应酬是少不了的，但不必每一次都参加，偶尔缺席一次，这段时间就可以自由支配了。

空闲时间可以做这些事！

- 写日记
- 修补衣服的开线或缝纽扣
- 保养鞋子
- 泡一杯茶，悠闲慢饮
- 想一想给亲友送什么礼物
- 整理打印出来的照片
- 读书
- 打扫平时留意不到的角落

 如果想去旅行，越早规划越划算。留出充分的时间，好好规划行程吧。

梳理让人心生烦躁的人际关系

不要害怕和别人保持距离

话不投机，交谈的时候感觉很烦躁，过后感觉特别心累，如果遇到这种情况，需要重新思考有没有必要和这个人相处。否则，继续勉强相处，也只会徒增烦恼和压力。不要害怕和别人保持距离。

♥ 和人愉快相处

↓

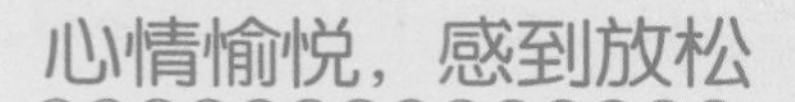
心情愉悦，感到放松

很明确地感觉到
自己喜欢这个人
OK
交流很愉快，想要
再次见面
发自内心期待
再次见面
令人尊敬

用心珍惜想要见面的人

交谈的时候心情愉悦、感到放松，见面之前充满期待，之后还想再次见面……毫无疑问，这样的人对你来说是非常重要的。不要忘记心存感恩，认真呵护这段关系吧。

 如果第一次见面就感觉不太合拍，不要勉强自己继续和对方相处！

掌握在职场给人留下好印象的表达方式

工作中有各种各样的人，说话要谨慎

即使是一句简单的打招呼或者问候，面对的人不同表达方式也不同。学习在职场中给人留下好印象的表达方式吧。

给人留下好印象的寒暄

✖ 早上好。
✔ 早上好，今天好冷呀。

✖ 给你添麻烦了。
✔ 谢谢你，真是帮了我大忙了。

✖ 这件衣服很漂亮。
✔ 你真漂亮，这件衣服很适合你。

给人留下好印象的职场沟通

✖ 这种时候我该怎么办?
✔ 请教一下……

✖ 你现在有空吗?
✔ 打扰一下……

✖ 我是这么想的……
✔ 我的建议是……

道歉的时候
不要辩解！
你说得没错，但是……

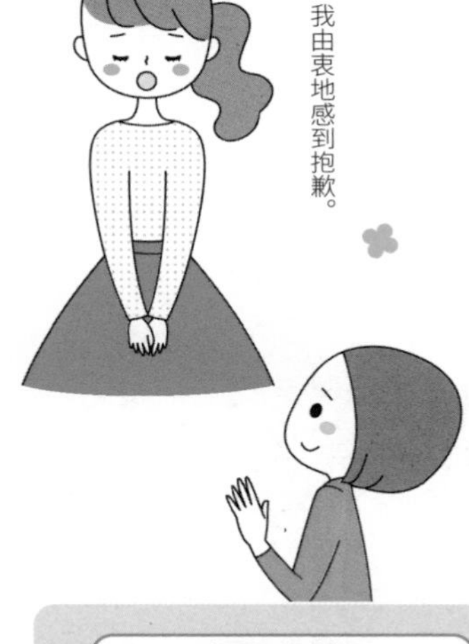
我由衷地感到抱歉。

委婉地拒绝别人

✖ 现在不行。
✔ 我现在很忙，其他时间可以吗？

✖ 你没考虑到……
✔ 你说得非常好，补充一点……

✖ 我不去了。
✔ 谢谢你的邀请，我今天约好了要去……

✖ 我肯定做不到。
✔ 这个项目我不太熟悉，可能做起来……

诚恳地道歉

✖ 对不起。
✔ 真的很抱歉。

✖ 不好意思，我忘了。
✔ 真的很抱歉，是我不小心忘了。

✖ 是我的错。
✔ 非常抱歉，由于我的过失，给大家添麻烦了。

✖ 这个我不会。
✔ 没能帮上你的忙，我非常抱歉。

 “不好意思”“非常抱歉”等用语可以用来缓和气氛！

只要改变意识，就能改善人际关系

改善人际关系的4个方法

1

不和难以相处的人联系

对于难以相处的人，只要自己不主动联系对方，不知不觉就疏远了。

2

把时间花在有意义的事情上

勉强和让自己痛苦的人相处就是浪费时间！把时间花在对自己有意义的事情上。

3

适当保持距离

如果感到与对方相处有压力，就应该果断和对方保持距离。尽量不联系，也尽可能少见面。

4

不要追求泛泛的人际关系

人际关系不是越多越好，和你真正觉得重要的人保持联系就可以了。

ADVICE

如果感到困扰，就想象一下未来！

也许你现在对人际关系感到困扰，但这个状态不会一直持续。三年或者五年后也许你就没有这些烦恼了，想象一下未来，耐心、勇敢地克服眼前的困难吧。

擅长沟通的人，会不经意间说出让对方高兴的话！

高情商的表达方式

八面玲珑	→	沟通能力强
做事笨拙	→	保持自己的节奏
不懂察言观色	→	拥有自己的世界
做事三分钟热度，没有常性	→	好奇心强
神经质，对鸡毛蒜皮的小事太过在意	→	认真严谨
不沉稳	→	有活力
借出去的钱	→	垫付的钱
冷淡	→	冷静
不谙世事	→	单纯
拘泥、死板	→	一丝不苟
笨口拙舌	→	深思熟虑
没有紧张感	→	状态很放松
没有计划性	→	随机应变
巧舌如簧	→	有亲和力
性格内向	→	性格文静
心血来潮，一时兴起	→	说干就干，做事干脆
普通、平凡	→	踏实可靠
老实	→	稳重
土气	→	朴素
处理问题不懂得灵活变通	→	循规蹈矩、认真
花哨	→	华丽

和难以相处的人保持距离时，也要顾及对方的感受。

感到压力很大时，给自己留一些独处的时间

如果在工作和人际关系中积攒了很多压力，不要勉强自己，给自己留一些独处的时间吧。

1 尝试制作点心

制作点心很花费时间和精力，需要准确称量食材，还有烦琐的制作工序。但是点心制作完成后会很有成就感，能有效舒缓压力！

2 在喜爱的咖啡馆里一边喝咖啡，一边读书

在喜爱的咖啡馆里一边喝咖啡，一边读书。忘记时间，沉浸在书中的世界，压力和烦恼也会自然而然得到释放。

3 为自己冲一杯咖啡或泡一杯茶

心情烦闷或感到压力很大时，不妨像招待客人一样，认真地给自己冲一杯咖啡或泡一杯茶，好好享受慢饮时光。

4 开车兜风，欣赏美景

一边听着自己喜欢的音乐，一边开车兜风，欣赏大自然的美景，也许烦恼很快就烟消云散了。

5 写读书笔记

觉得压力很大时，就写读书笔记吧。随手拿起一本自己喜欢的书，一边读书一边摘抄书中的美文或写下自己的感想，很快忘记压力的存在。

6 去美发店换个发型

换个发型，心情也能焕然一新，瞬间恢复活力。如果不想把头发剪短，可以烫发或染发，还可以做一个简单的头发护理。

感觉压力很大时，不要勉强自己去努力，做自己喜欢的事情就好。

越是气馁的时候越要调整心态

1 去卫生间待一分钟

去卫生间待一分钟，平复一下情绪。哪怕只有一分钟，也能有效地缓解情绪。

2 把心情写在日记里

把心里的烦恼、不方便向其他人倾诉的事情随心所欲地写在日记里。用文字表达出来，心情就会平静很多。

3 购买化妆品

购买新款化妆品可以让心情变得愉快，不妨试试与以前颜色不同的唇彩或者腮红等。

4 好好睡一觉

绞尽脑汁也想不明白的事就先不要想了，好好睡一觉，第二天早晨醒来可能就会有灵感了。

5 看电影、动漫等让自己开怀大笑

开怀大笑是最能缓解压力的方式。看让人心情愉悦的电影或动漫，发自内心地开怀大笑，就能恢复元气。

让人心情愉悦的电影

《小黄人大眼萌》
人气角色小黄人在英国掀起了大混乱！可爱的小黄人特别治愈！

《罗马浴场》
这是一部喜剧片。讲述了古罗马帝国的浴场设计师为了拿出新的设计方案而苦恼不已，突然穿越到现代日本公共浴场的故事。

《好好先生》
这是一部爱情喜剧片。讲述了男主人公参加一档电视真人秀节目，挑战一年内不能对任何人说“不”，人生因此而改变的故事。

《穿普拉达的女王》
这是一部职场女性的励志名片。
讲述了一位刚毕业的女大学生进入顶级时尚杂志社，做主编助理的奋斗史。

《摇滚学校》
讲述了热情奔放的摇滚乐手当上了小学名校的代课老师的故事，这是一部充满感动的喜剧片。

让人开怀大笑的动漫

《海贼王》
全世界发行量最高的日本漫画。讲述了拥有橡皮身体戴草帽的青年路飞，以成为“海贼王”为目标和同伴在大海展开冒险的故事。

《蜡笔小新》
讲述了日本 5 岁小男孩野原新之助在日常生活中与家人、老师、同学、邻居、路人之间发生的有趣故事。

《名侦探柯南》
由同名长篇推理漫画改编而成。讲述了天才高中生工藤新一在被迫喝下神秘毒药后变成小学生江户川柯南，一边寻找解药，一边侦破了命案的故事。

《樱桃小丸子》
知名度最高、最具影响力的日本动漫作品之一。讲述了小丸子和家人及同学之间关于亲情、友谊的生活小事，有笑有泪，不禁令人回忆起自己的童年。

 感到身心疲惫的时候，去运动一下，出出汗吧。

通过学习，打开新世界的大门

适合职场女生学习的新技能
芭蕾
攀岩
烹饪
茶道
英语
插花
瑜伽
书法
烘焙
芳香疗法
游泳
普拉提
美甲
摄影
陶艺

学习新技能的好处

让生活更有新鲜感

获取新知识、做运动等，给日常生活增添一些趣味和新鲜感。

遇到和自己志趣相投的人

和志趣相投的人一起聊天更开心，还能拓展新的人际关系。

有机会重新认识自己

之前没有尝试过的事情，尝试过后发现自己其实很擅长，意外多了一项新的才能。学习新技能，也是重新认识自己的一个机会。

有助于工作技能的提升

学习英语等新技能，直接有助于工作技能的提升。一些本来和工作不相关的技能，也可能意外对工作有所帮助。

也可以体验一下兴趣班！

闲暇时可以参加一些兴趣班的活动，比如学习烘焙、制作手工艺品，学习陶艺等，体验手工制作的乐趣。

定期参加一些兴趣活动，生活也会变得丰富有趣。

把雌性激素当作身体的朋友

女性身体不适应该关注雌性激素！

雌性激素分为两大类

雌激素

雌激素主要由卵巢合成和分泌，在排卵期之前会增加分泌。它能使女性的乳房更加丰盈，肌肤保持弹性。

孕激素

孕激素是在排卵期结束进入黄体期后分泌的雌性激素。孕激素分泌使体温上升、子宫内膜增厚，以保证妊娠的安全进行。

雌性激素失调，会带来以下问题

体寒、烦躁不安、便秘、皮肤粗糙、头晕、皮肤干燥、月经不调、失眠、贫血、情绪低落、头痛等

雌激素
孕激素
两种激素，哪一种多了都不行！

正是有两种雌性激素在身体里平衡协调，身体才能保持健康美丽。

调节雌性激素的 3 个方法

❶ 防寒保暖

寒冷是造成体内血流不畅的最大原因。不仅冬天要防寒，夏天也要通过洗热水浴、喝热饮等方式防止身体受寒。

防寒保暖的物品

护腰、厚袜子、围巾、蒸汽眼罩等

❷ 摄入豆制品

大豆含有丰富的大豆异黄酮，分子结构与雌激素相似，在人体内可以产生与雌激素相同的功效。可以充分摄入豆腐、豆浆、油豆腐、纳豆、味噌等豆制品。

❸ 认真记录自己的月经周期

月经周期是身体重要的晴雨表，要认真记录自己的月经周期。

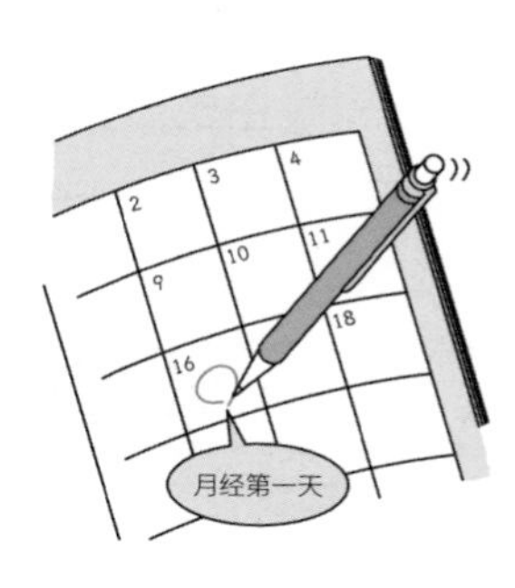

少量的雄性激素也非常重要！

雄性激素有促进骨骼和肌肉生长的作用，所以少量的雄性激素也很重要。

 吸烟会影响雌性激素发挥功效，所以尽量不要吸烟。

月经周期和身体的调节机制

以 28 天为一个月经周期为例						
1	2	3	4	5	6	7
月经期						
8	9	10	11	12	13	14
月经后一周						排卵日
15	16	17	18	19	20	21
排卵后一周						
22	23	24	25	26	27	28
下次月经前一周						

雌激素和孕激素的分泌周期

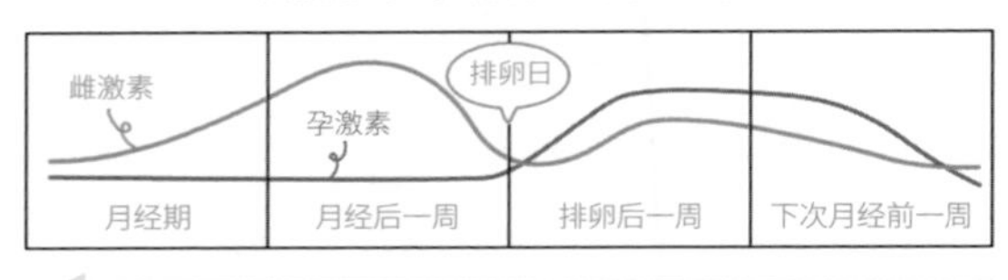

掌握月经周期的好方法！

监测基础体温！

养成监测基础体温的好习惯，就能掌握月经周期，了解自己身体和肌肤状态的变化。

月经期

身体排毒

体温降低容易造成血液循环不畅，可以通过泡脚或其他方式温暖身体。

月经后一周

保养肌肤的绝好时机

这段时间不容易出现肌肤问题，很适合做全身美容和脱毛。

这段时间女性魅力会增加，可以安排约会！

排卵后一周

调整期

这一时期胃肠蠕动变慢，皮肤油脂分泌变多。可能会被便秘、长痘痘等问题困扰。

下次月经前一周

身体不适、易生病的时间

血液循环不佳，身体容易浮肿，情绪上容易焦躁不安，不要勉强，好好放松一下吧。

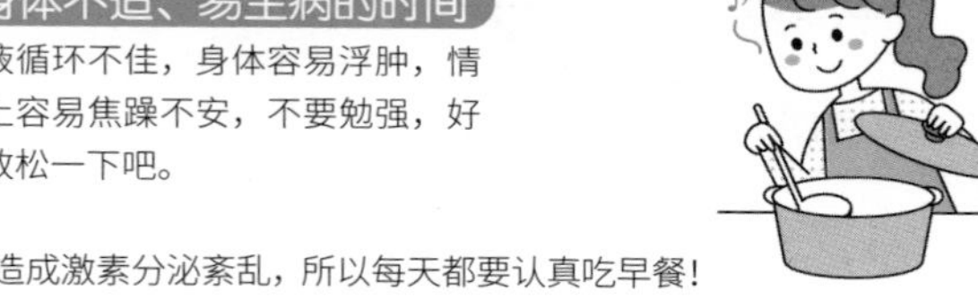

不吃早餐会造成激素分泌紊乱，所以每天都要认真吃早餐！

做好身体护理，保持美丽和健康

为了保持身体的美丽和健康，做好身体护理很有必要。

1

全身按摩和放松

很多人长期久坐办公，容易肩膀酸痛、腰痛等。通过全身按摩和放松，可以改善身体酸痛、缓解身体疲劳。

2

去美甲沙龙护理指甲

把指甲养护得整洁漂亮，心情也会随之变好。但是要注意，夸张的颜色和美甲饰品不适合职场。

3

去健身房运动或通过汗蒸出汗

去健身房活动一下身体，或者通过汗蒸出出汗，这样不仅有益于健康，而且能消除压力。

注意保持正确的姿势并深呼吸

姿势不正确的人呼吸很浅，要注意保持正确的姿势并进行深呼吸，以此调节身体机能。

4

摄入超级食物和健康油脂

西蓝花、蓝莓、藜麦等都属于超级食物，既有营养，还能抗氧化。苏子油、亚麻籽油等能够预防慢性疾病。选择适合自己的健康食物吧。

5

定期用美容仪和精油护理肌肤

一周一次定期进行肌肤护理，比如用美容仪护理肌肤、用精油按摩身体等。

6

定期进行妇科检查

罹患宫颈癌的风险从25岁开始增加，罹患乳腺癌的风险从30岁开始增加，因此要定期去医院进行妇科检查。

建议从25岁开始，每年去正规医院做一次全身体检。

图书在版编目（CIP）数据

女子整理术 / 日本新星出版社著；陈昕璐译. --
南京：江苏凤凰文艺出版社, 2022.2(2024.3重印)
ISBN 978-7-5594-4402-8

Ⅰ. ①女… Ⅱ. ①日… ②陈… Ⅲ. ①家庭生活－基本知识 Ⅳ. ①TS976.3

中国版本图书馆CIP数据核字(2022)第016220号

版权局著作权登记号：图字 10-2021-586

女子整理术

日本新星出版社 著　陈昕璐 译

责任编辑　王昕宁
特约编辑　周晓晗
责任印制　刘　巍
出版发行　江苏凤凰文艺出版社
　　　　　南京市中央路165号，邮编：210009
网　　址　http:// www.jswenyi.com
印　　刷　天津联城印刷有限公司
开　　本　880毫米×1230毫米　1/32
印　　张　6.75
字　　数　100千字
版　　次　2022年2月第1版
印　　次　2024年3月第3次印刷
书　　号　ISBN 978-7-5594-4402-8
定　　价　48.00元

快读·慢活®

《家的整理：拯救人生的整理法则》

整理，就是找到人生必需品的过程！

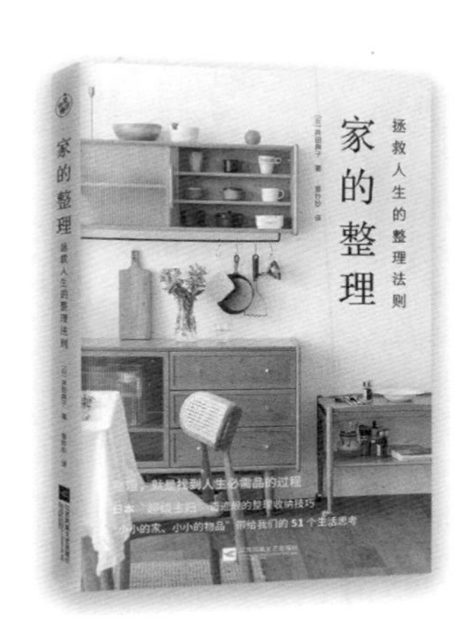

整理，是带领我们通向舒适而充实生活的入口，也是引导我们开启崭新人生的一把钥匙。品尝美食、安然入睡、放松身心等平淡的小幸福，在一个杂乱的房间里很难完成。你要相信，整理不是一项“负担”，而是“美好未来”的铺垫。

作者从物品收纳、资料整理、衣物取舍、计划制订、生活物品购买、家务、年末大扫除、家居好物等各个方面，分享了 51 个切实可行、能够改善繁杂生活的小巧思。这些生活思考，不仅适用于整理与收纳，也适用于对于所有家务、时间以及金钱管理等各个方面，甚至整个人生。

整理，就是找到人生必需品的过程。希望每一个你能在这本书的帮助下，收获令心情舒畅的生活之道。

快读·慢活®

从出生到少女，到女人，再到成为妈妈，养育下一代，女性在每一个重要时期都需要知识、勇气与独立思考的能力。

“快读·慢活®”致力于陪伴女性终身成长，帮助新一代中国女性成长为更好的自己。从生活到职场，从美容护肤、运动健康到育儿、家庭教育、婚姻等各个维度，为中国女性提供全方位的知识支持，让生活更有趣，让育儿更轻松，让家庭生活更美好。